미용학개론 ①

BEAUTY ART THEORY

UP-STYLE 업스타일

이군자
임경석 공저
임경찬

BEAUTY ART THEORY

도서출판 中原社

좋은 미용 기술을 익히기 위해서는
끊임없는 반복과 연습이 필수적이라는 사실을
잊어서는 안 될 것입니다.

머리말

이 책이 나오기 까지는 오랜 시간이 필요했습니다. 과거 수십 년간 가르치고 학습하는 과정을 통하여 항상 고객의 관점에서 보다 효과적으로 미용 기술을 전수하는 것은 평생의 숙제였습니다. 40여 년 동안 축적된 미용 경험을 바탕으로 미용을 배우는 후학들에게 조금이나마 도움이 되고자 이 책을 발간하게 되었습니다. 이 책을 발간하는 과정을 통하여 평생의 업이었던 미용에 대한 보다 많은 애정을 느꼈었고, 최고의 책을 만들기 위하여 작품들을 만들고, 필요한 자료를 수집하는 과정은 고통과 동시에 너무나 행복한 시간이었습니다.

새로운 유행과 세계적인 각종 트렌드 속에서 우리의 미용은 성장을 거듭해 왔지만, 현대 교육이라는 틀 속에서 본다면 다른 교육 영역에 비해서 세계적인 추세를 따라가기에는 우리 미용인들의 노력이 부족했다는 생각이 듭니다. 하지만 다른 어떤 영역보다 미용인들의 노력과 열정이 있었기에 하나의 특정 교육 영역으로 대학교, 대학, 그리고 직업학교에서 굳건히 자리를 잡았습니다. 하지만 이에 부응하여 미용기술을 보다 효율적이고 효과적으로 개발하고 보급하기 위해서는 좋은 교재가 우선적으로 많이 개발되어야 할 필요가 있습니다. 이를 위하여 미력한 힘이지만 보탬이 되고자 후학들을 위하여 글로벌 트렌드에 맞게 업스타일 책을 발간하게 되었습니다.

이 책은 업스타일을 구성하는 66개의 작품에 따라 구체적인 기법을 제시하고 있으며, 학교의 교재로 사용하기 편리하게 모든 작품마다 완성 작품 사진을 우선 제시하였고, 다음으로 작품에 대한 이해를 높이기 위하여 작품 스케치를 실었으며, 기술 과정의 이해를 높이기 위하여 각 기법마다 체크리스트를 제시하였습니다. 특히 이 책은 기존의 미용 서적과는 달리 교육적인 목적을 위하여 약간 독특하게 구성하였습니다. 이 책의 구성은 각 기법마다 동일하며, 순서는 아래와 같습니다.

- 작품사진
- 작품스케치
- 작품기법에 관한 체크리스트

• 작품 절차별 사진과 설명
• 작품평가 체크리스트

작품 기법에 관한 체크리스트는 작품을 만드는 과정을 자세하게 하나의 표로 제시하였으며 작품평가 체크리스트는 교수 혹은 교사가 학생들의 작품을 평가할 때 활용하거나 수업과정에서 학생들이 동료 학생들의 작품을 평가할 수 있도록 구성하였습니다.

현대의 미용이 아무리 발전했다 하더라도 미용을 가르치는 교수와 교사의 역할은 변하지 않으며, 학생들 또한 좋은 미용 기술을 익히기 위해서는 끊임없는 반복과 연습이 필수적이라는 사실을 잊어서는 안 될 것입니다. 저의 부족한 경험으로 만든 이 저서가 미용인들의 발전에 미력하나마 도움이 된다면 더 없는 행복으로 여기겠습니다. 지금까지 이 책이 출판되기까지 도와주시고 협조해주신 윤관식 교수님, 임경석 선생님, 김원주 선생님, 이행숙 선생님, 김선녀 선생님, 임경찬 선생님, 소노더 선생님, 아이네시 선생님과 작품의 모델이 되어주었던 리스미용학교 학생들, 사랑과 이해를 해 준 가족들에게 깊은 감사를 드립니다. 아마도 그 분들의 도움과 격려가 없었더라면 이 책의 출판은 엄두도 내지 못했을 것입니다.

마지막으로 '이군자 미용학개론' 이 모든 미용인들에게 도움이 되고자 하는 작은 바람으로 이 책의 마침표를 찍겠습니다.

2008. 1. **이 군 자**

Lee's Beauty School
Professor. Goon Ja Lee
Kyung Suk Lim

목 차

A 미용의 역사

서양의 역사

헤어컷의 한국 역사

B 땋기 / 엮기

C 루프 만들기

D 테이프 엮기

E 작품 만들기

헤어스타일의 실루엣은
여러 가지 형태를 얼굴형에 맞추어 참조하게 되어
어느때 보다도 미용사의 전문성이 요구되고 있다.

A 헤어스타일의 역사

서양의 역사(History of Occidennt Hair Styles)

1 선사시대와 원시시대

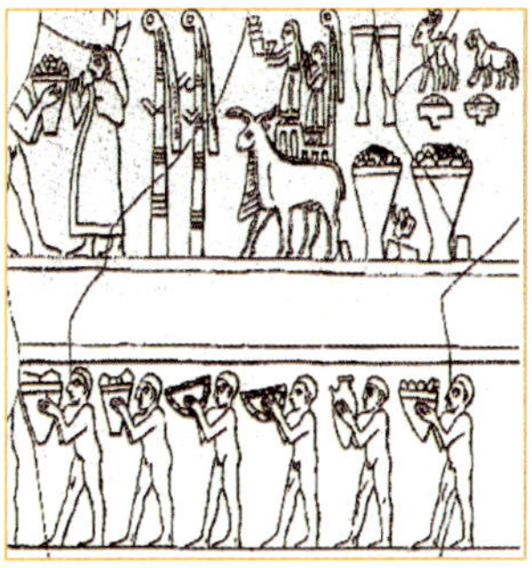

일찍이 선사시대와 원시시대에서는 그냥 흐트러진 두발(hair) 상태로 긴 두발(hair)을 유지하거나 농작물의 마른 줄기나 동물의 가죽이나 어류의 어피(魚皮)로 두발(hair)을 묶는 정도로 가장 단순한 헤어스타일이었다.

귀족들은 더 복잡하고 분명한 스타일로 발전되었다. 수메리안(Surrerian) 귀족층 여성들은 예를 들어, 시뇽(Chignon : 작은 망사나 그물 같은 것으로 뒤에 땋아 붙인 쪽)이나 롤 스타일 그리고 길게 땋아 늘인 두발(Plaits)로 두발(hair)을 돌리거나 또는 어깨위로 두텁게 떨어뜨리는 헤어스타일을 했었다. 그들은 또한 금 헤어핀이나 다른 장신구로 헤어를 꾸미거나 향을 곁들인 노란색 전분가루나 금가루로 헤어에 분을 바르듯 장식했다.

바비론(Babilorlian)이나 아시리안(Assyrian) 남자들은 긴 두발(hair)을 염색하고 아이런(Curling iron : 두발지지는 인두)을 이용하여 고슬두발을 만들고 검고 네모난 턱수염을 했고 페르시안(Persian) 귀족들 또한 헤나(Henna : 이집트산, 향기로운 흰 꽃이 핌)로 붉게 염색했고 턱수염과 머리카락을 축모(나선모)로 했다.

이집트의 귀족들은 청동으로 만든 면도칼로 그들의 두발(hair)을 더운 기후에 맞게 깨끗하고 청결하게 하기 위해서 그들의 두발(hair) 끝 부분을 짧게 자른 스타일이었다. 의식행사가 있을 경우에는 햇빛으로부터 보호하기 위해 보통 검은 가발을 무겁게 썼다 그들은 짧은 고슬머리 형태 그대로나 혹은 끝이 혹같이 생긴 모양의 상아(象牙) 헤어핀이나 두발(hair) 끈, 생화(生花), 금장식 등으로 길고 완전한 축모 상태를 장식했다. 그리고 남자들은 안면부위를 면도하고 거친 인조 턱수염을 사용했다.

고대 그리스에서 남자들은 짧게 깎은 두발(hair)과 종종 짧은 턱수염을 했고, 후에 그들은 깨끗한 면도한 상태를 유지했었다. 여성들의 긴 두발(hair) 스타일은 시뇽(Chignon)스타일로 묶거나 뒤로 느슨하게 늘어진 상태를 유지했다. 그리스 남성 여성 대부분은 머리띠를 했고 보다 상류층 사람들은 아이런(Curling iron)를 사용했다. 몇몇 여성들은 그들의 두발(hair)을 염색했고(금색, 하얀색, 붉은색 파우더 가루를 사용했다. 심지어 아테네에서는 파란색을 사용하기도 했었다.) 꽃이나 리본 ,보석 달린 장식관(裝飾冠)으로 장식했었다.

보다 엄격했던 로마 제국에서의 남성과 여성은 심플한 그리스 스타일을 일반적으로 따랐다. 그러나 황제 수하(手下) 및 상류층의 사람들은 아이런(curling iron)을 하늘 것이 보통이었고 남성들은 파우더나 금가루로 두발(hair)에 뿌렸다. 여성들은 포로로 잡힌 사람들의 두발(hair)을 묶어서 만든 가발이나 흑단으로 만든 새까만 가발을 쓰거나 노란 비누로 그들의 두발(hair)을 염색했다. 그들의 두발(hair)은 고슬 두발 상태나 땋은 두발(hair)을 높게 쌓아 올렸고, 때때로 초생달 형태의 철사 구조로 가지런히 배열했다. 고대시대 두발(hair) 손질이나 면도는 공공의 이발소나 일반 가정의 노예에 의해서 행해졌었다.

무슬림 역사에 있어서 전통적인 헤어스타일은 공공연히 남성의 두발(hair) 터번(Turban : 이슬람 식 머리에 두르는 것) 밑으로 겸손하게 감추었다. 그러나 남성은 면도{때때로 두발(hair) 전체는 길게 상투를 트는 것을 제외했다.}나 그들의 턱수염을 다듬을 때 또 여성들의 긴 두발(hair)을 감고 종종 헤나(Henna)로 헹굴 때 각각 터키식 목욕탕(Hammans)에서 행했다.

참 고

1. 이어머프(earmuff)

가리마를 중심으로 두발을 양쪽으로 갈라 땋아서 귀 옆으로 둥글게 말아 묶은 스타일이다

2. 포니테일(pony tail)

두발(hair)을 뒤통수로 빗어넘겨 하나로 묶은 스타일인데, 리본으로 장식하기도 한다. 말꼬리같이 보인다고 하여 이 이름이 붙었다.

3. 피그테일(pigtail)

양 옆으로 땋아 끝을 리본으로 장식하는 것으로, 주로 소녀들의 두발(hair)모양이다.

중국에서는 남자들이 전통적으로 말총이나 검은 비단으로 편발(Queue : 땋은머리)을 땋아서 두발(hair) 뒤로 빗질했고 두발(hair) 앞쪽은 면도를 했다. 만주족에 의해서 길러지게 되었고, 항복의 의미로 17C에 중국 백성들에게 강요됐던 편발(Queue)은 또한 성인으로서의 의미와 위엄으로서 의미로 여겨졌었다.

그래서 그러한 의미 때문에 두발(hair)을 뒤에서 당겨지는 행위에 대해서 무척이나 치욕스럽게 여겨지게 되었다. 중국 여성들은 두발(hair)을 뒤로 빗질하고 때때로 두발(hair) 밑으로 보석 박힌 빗이나 헤어핀, 꽃 등으로 장식했고 미혼의 소녀들은 두발(hair)을 땋아 늘여뜨린 두발(Plaits : 변발이라고도 함)을 했다.

일본에서의 남성들은 전통적으로 대부분이 정수리 뒤쪽으로 팽팽하게 피그-테일일처럼 일부를 남겨두고 두부의 정상이나 앞면부분은 면도해 버리는 헤어스타일을 했다. 중세시대의 일본 여성들의 헤어스타일은 그들의 머리카락을 뒤로 내려서 치렁치렁 흐르듯 늘어지게 했다. 17C에 포마드(Pomade)의 도입으로 여성의 헤어스타일은 빗과 비녀, 리본 그리고 목 부위의 목덜미를 노출할 수 있도록 만든 긴 장식용 헤어 핀 등과 함께 깨끗하게 정리된 헤어 스타일은 특히 매력적인 여성 스타일을 갖게 했다. 게이샤(Geisha :일본어로 기생의 뜻)의 옻칠한 두발(hair)장식(Lacquered coiffures)은 특별히 정교하게 만든 가발이었다.

아프리카의 아프리카인들은 지위나 계급을 상징하는 보다 복잡할 두발(hair) 스타일을 발전시켰다. 몇몇 사람들은 다양하게 두발(hair)을 면도한 후 붉은 흙이나 동물 기름으로 두발(hair)을 염색하거나 암모니아수로 탈색하거나 스프레이나 무스같이 말, 소등의 변(便)으로 딱딱하게 헤어스타일을 굳혔다.

예를 들어 마사이족(Masai)사이에서 비 전사나 여성들은 전사가 작게 3분류로 땋아 전방을 메고 뒷 두발(hair)을 허리가지 길게 땋아 내려서(편발, Queue) 전투하려고 할 대 그들의 두발(hair)을 면도했다.

망베투족(Mangbetu : 아프리카 콩고의 한 부족으로 몬부투족이라고도 한다.) 여성은 플레어한 윗면의 원통 형태의 바구니 위로 가늘고 길게 땋아 늘인 두발(변발 : Plaits)을 가지런하게 정리했고 신랑의 손가락의 손톱에는 길고 편평한 뼈 침으로 손가락에 붙였다. 그런 헤어스타일은 성취하는 시간을 갖는 의미를 뜻했고 그 한 주 동안에는 왼손은 손대지 않는다. 얼마간의 시간동안에 미안고(Miango : 나이지리아 종족) 처녀들은 검소하

게 잎으로 된 가지를 묶은 긴 땋는 안고(Miango 나이지리아 종족) 처녀들은 검소하게 잎으로 된 가지를 묶은 긴 땋는 두발(편발 : Queue)의 후방에 머리수건으로 덮여진 스타일을 했고, 이보(Ibo : 나이지리아의 한 종족)의 소녀들은 그들의 두발(hair)에 정교하게 초크를 칠함으로 인해 두발이 자라도록 놓아둔 후 그 후에 그들의 두발(hair)을 삭발한 스타일을 했다.

콜롬버스 미 발견 이전 시대의 미국에 북미 동쪽 해안 인디안 남성들은 두정부위(Parietal region : 두부의 정상 부위)의 헤어에서 콧등 날 전까지 빗과 조개, 돌도끼 등으로 장식하고 그 외 부분은 삭발했다. 인디언 여성들은 일반적으로 양쪽으로 두 갈래를 갈라서 땋은 다음(변방 : Plait) 길렀다. 보다 더 문명화된 남미에서는 더 복잡한 스타일로 발전되었다. 예컨대 혼기에 달한 호피족(Hopi : Arizona 북부에 사는 Pueblo 족)여성은 귀 위로 크게 소용돌이 꼴로 된 납작하게 눌린 꽃 모양을 했다.

아즈텍 족(Aztec : 멕시코 원주민) 여성들은 염색재료와 함께 그들의 두발(hair) 땋고, 그들의 두발(hair) 주변을 염색해서 땋은 헤어스타일을 했었고(멕시코의 몇몇 지역에서 아직까지도 그 스타일을 한다.), 미스텍 족(Mixtec : 멕시코의 아메리칸 인디언) 여성은 뿔 같이 생긴 터번 밑으로 타래두발(Bun : 롤빵 모양의 쪽진 두발)을 터번 안쪽으로 끌어 넣었다. 아즈텍 전사 사이에서 두발(hair)의 융기 부위는 많은 포로로 잡혀진 이들 중에서 많이 나타나게 되었다.

높게 헤드(head)외형을 한 마야(Maya : 중미 인디언의 한 종족) 귀족들은 인위적으로 늘인 두개골을 삭발해서 나타냈다. 잉카(Inca : 스인 점령 전의 페루인)의 족장은 상대적으로 다섯번을 싼 헤어 띠를 해서 짧은 두발(hair) 스타일을 했다. 귀족과 평민은 점차 더 길어진 두발을 가졌고 헤어 띠를 한사람은 소수였다.

서방 세계의 중세기와 르네상스 시대에 중세의 유럽에 퍼진 이방인들은 길게 늘어뜨린 두발(hair)과 콧수염을 길렀다. 9C부터 유럽대륙의 귀족들은 목 라인까지 짧게 커트를 했고 깨끗하게 면도했다. 노르망디 정복(Norman Conquest : 1066년 윌리엄 1세는 영국의 왕위 계승권을 주장하고 영국에 침입, 앵글로색슨 계(系)의 왕을 헤이스팅스 전투에서 격파하고 윌리엄 1세로 즉위하여 노르만 왕조를 열었다.) 후에 그때까지 긴 두발(hair)을 가진 영국인들도 대륙적 패션으로 변 화하였고, 시대적 요구에 의해서 턱수염과 긴 웨이브를 가진 헤어로 변하게 되었다.

2 1200년 ~ 1600년대

13C와 14C의 헤어는 페이지보이(Page boy : 어깨까지 오는 두발(hair)을 안으로 말아 웨이브가 안으로 지게 한 두발(hair)모양 스타일) 스타일처럼 목선까지 깔끔하게 웨이브가 말리는 형식의 스타일이었다.

15C 초에 귀를 노출시키는 스타일은 이탈리아에서는 빗질하는 것과 완전한 축모로 만드는 것이 무척 힘들었기 때문에 무척이나 길었던 페이지 보이 스타일과의 교체가 이루어졌다. 성직자들은 두상(head)에 헝겊을 데고 그 외의 부분을 삭발하는 것이 두드러졌다. 그것은 켈트족과 노만 교회에 의해 분쟁이 야기되어 졌고 17C에 와서 로마의 관례에 의해서 모든 성직자들의 헤어는 마침내 한가지 스타일로 확정지어졌다. 교회의 영향력은 항상 정숙한 스타일을 염려했고 그로 인해 귀족집안 여성들의 결혼식에서 인조헤어와 리본으로 서로 감은 것을 그들의 길게 땋아 늘어뜨린 두발(Plait : 변발)에 면사포를 함께 쓰게 된 것은 오늘날까지도 그 영향력이 미쳐 아직도 결혼식에서는 의례적으로 신부는 면사포를 쓰는 것이 상징적인 의미로 자리메겼다.

13C 와 14C에는 아마사로 만든 수녀용 면사포로 턱과 목 그리고 헤어를 감추거나 또는 금과 은장식이 있는 여자용 그물 모자로 귀 윗 쪽으로 길게 땋아 내린 두발(Plait : 변발)의 뭉치를 똘똘 감고 모든 헤어 스타일(hair style)을 스카프나 면사포로 마무리 지는 스타일이었다.

15C 북유럽의 그 당시 최신 유행했던 여성의 스타일은 이마가 더 높게 보이게 하도록 헤어라인를 위쪽으로 잡아당기고, 포인트를 준 정교한 가정용 장신구와 철사로 만든 두상(head) 장식물로 그들의 뒤쪽을 장식했다. 이탈리아의 따스한 기후는 여성들이 보석 박힌 터번이나 이마에 감는 가느다란 리본(Bandeau)이나 그들의 땋아 올린 긴 두발(hair)을 드러내 보이도록 했다. 남성이나 여성 모두 금색 두발(hair)을 얻으려고 노력했다. 탈색(Bleach)제를 사용하거나 또는 양파 껍질로 염색하거나, 이탈리아 여성의 경우에 뚜껑 없는 모자를 쓰고 햇볕아래 몇 시간 동안 있었다고 한다.

16C에는 프랑스의 프란시스 1세(Francis I)가 우연히 그의 두발(hair)을 횃불에 태운 후에 남자들은 짧은 커트로 기르게 했고 콧수염과 턱수염도 짧게 되었다. 여성들의 헤어는 점차로 더 적어진 두건의 주름 밑으로 어색하게

(이탈리아 모자처럼) 걷어 올려졌다. 그래서서 작고 편한 토우크 모자(Toque : 챙 없는 둥글고 작은 모자)를 쓴 것처럼 더 두발(hair)이 노출되어졌다. 앞쪽의 헤어는 얼굴 주위로 고슬거리게 하고 금속 링과 롤 위쪽으로 빗질했다 뒷 두발(hair)은 옷의 높은 깃 부위에 안닿게 그물 레이스 안에 돌돌 말아 올렸다. 영국에서는 금발 또는 붉은 헤어가 마치 엘리자베스 여왕(Queen Elizabeth's)같이 유행했었다. 그리고 인조 두발과 가발이 사용됐었다. 두발(hair)에는 파우더 가루나 또는 금바가루 그리고 껌이나 썩은 오크(Oak)나무를 반죽해서 만든 곳에서 담은 회색-흰색, 갈색-자주색 가루를 흩뿌려 장식했다. 압으로 만든 빗은 두발(hair)의 칼라를 회복시켜 주고 헤어를 꽉 눌러주게 할 것이라 믿었다. 보석, 깃털, 그리고 장식용 헤어핀은 장식용으로 많이 공급되었다.

3 1600년 ~ 1700년대

17C와 18C 사이에 17C 중반이 시작될 무렵 최신 유행했던 남성 스타일로는 흰 깃(Collar) 그 위로 넓게 떨어뜨리고 종종 기름을 바른 긴 축모를 길렀다. 종종 그들은 작고 포인트 있는 턱 수염과 균형 잡힌 콧수염한 얼굴에 나비매듭 넥타이를 더 길게 꽉 조이듯 장식했다.

17C와 18C 사이에 17C 중반이 시작될 무렵 최신 유행했던 스타일로는 남성 스타일로는 흰 깃(Collar) 그 위로 넓게 떨어뜨리고 종종 기름을 바른 긴 축모를 길렀다. 종종 그즐은 작고 포인트 있는 턱수염과 균형 잡힌 콧수염 한 얼굴에 나비매듭 넥타이를 더 길게 꽉 조이듯 장식했다.

17C후반에 반 다이크(Van dyke) 작(作)에 의해서 공공연한 형식의 스타일을 져버리고 턱수염과 안면부위는 면도를 하고 축모 형태에서 뒤가 펴지고 길게 혹은 그 형식에 모자와 함께 쓸 수 있는 그런 형식의 헤어 스타일(hair style)이 유행 되었었다.

여성의 헤어 스타일(hair style)은 앞 이마를 앞으로 드리우게 (프린지〈Fringe〉 스타일 혹은 뱅〈Bang〉 스타일이라고도 부른다.) 그리고 옆 두발(hair)은 철사구조 위면에 머리카락을 묶고 넓은 웨이브(Wave)가 지게 머리털을 부풀렸다. 그리고 화려한 리넨{Linen : 아마사(絲),아마식물(Linum usitatissimum)의 줄기에서 얻은 인피(靭皮)섬유}이나 레이스 달린 모자 그리고 장미 매듭 리본 등으로 뒤쪽을 장식하여 높게 똘똘 감았다. 점차로 뒤쪽 헤어라인은 키 큰 모자같이 폭이 좁고 높아졌다.

18C에는 남성들은 가발 쓰는 것을 계속 유지했다. 그러나 일반적으로 가발은 더 작아지고 파우더를 입힌 흰색을 가발에 입혀 더 밝아졌다. 몇몇 가발은 편발(Queue : 땋은 두발)을 검은 실

크 가방에 넣어서 뒤에 묶었다. 또 어떤 가발은 짜기도 하고 또 어떤 가발은 나비 매듭 리본 사이에 넣기도 했다. 법조인, 바다와 육지의 군인들은 각각 그들 자신에 맞는 가발을 가졌다. 몇몇 남성들은 그들 자신의 편발(Queue : 땋은 두발)을 썼다.

18C에 초에 여성들은 화관과 나비 리본을 장식하고 분을 발랐으며 작게 웨이브 지거나 컬을 준 두발(hair)을 다듬었다. 과부나 상류계층의 중년 부인들 그리고 일반 가정의 여성들은 아주 작은 모자를 썼다. 1770년에 장신구로서는 포마드로 붙인 말총대나 철사로 만든 망 등으로 두발을 장식했고 공중에 약 150cm(3Feet) 정도에 폴로 고정시켜 는 포마드로 붙인 말총 대나 철사로 만득,망 등으로 두발을 장식했고 공중에 약 150cm(3feet) 정도에 폴로 고정시켜 두발(hair) 분을 발랐다. 몇몇 이들은 그 높이에 스프링을 달았다. 그런 두발(hair) 형태를 만들기 위해서 일주일의 3분의 1의 가량의 시간을 할애해야 했다. 그래서 다른것에 방해받지를 않는(오랜 시간동안 같이 있기 때문에) 남자 미용사들에게 있어서 그 기간동안에는 매혹적인 유혹의 시간이기도 했다.

1780년대에 들어서 반발 심리로 사치와 형식적인 격식에 대항하여 매듭지지 않고 풀어헤친 듯한 마치 덤블이 뒤 엉켜있는 듯한 고슬 형태의 헤어스타일이 헤리슨(Herisson: 고슴도치형 헤어스타일)스타일이 남성 여성 모두를 위해 선을 보였다. 그들은 깃털장식, 리본, 보석, 그리고 심지어 배, 정원 그리고 동물원 등 기발하게 장식했다. 그 기간에는 미용사란 직업이 특별하고 독특한 직업으로서 형성되었다. 그래서 그 당시 수련된 가발 제조업자들은 당대 최고의 인기를 누리는 직업 남성(男性)들이었다. 특히 1765년에 출간된 "Art de la coiffure des dames"와 1769년에 출간된 "Academie de Coiffure"의 책에서 소개된 내용을 보면 프랑스의 왕정 미용사이자 제빵사였던 루미그니 레고스(Legros do Rumigny)는 그 당시 아주 유명한 저명 인사였다고 한다.

4 1800년대

19C에 프랑스 혁명과 나폴레옹 프랑스 재정시대의 배경과 간소한 미학과 고전스타일의 조화는그 당시 헤어스타일의 크나큰 영향을 주었다. 남성, 여성 모두 그들의 두발(hair)을 로마의 황제의 헤어스타일처럼 짧은 커트로유지하거나 여성들

은 짧은 컬(Curl)을 가진 그리스인의 두발(hair) 땋기 형식을 이용하여 그들의 두발(hair)을 땋았고, 후에는 두상(head) 주위로 헤어를 부드럽게 길게 땋아 늘어(Plait 변발) 뜨렸다. 그들은 또한 염색한 가발을 썼다.

점차 상업에 더 관심을 갖게된 남성들은 그들의 헤어스타일에 신경을 쓰는 시간을 덜 할애(割愛)하게 되었다. 그래서 19C에는 남성들의 헤어스타일은 비교적 짧은 스타일을 유지했다. 때때로 마카사르 두발기름(Macassar oil)을 바르고 고슬두발을 하기도 했다. 대부분의 남성들은 다양한 콧수염, 짧은 구렛나루, 턱수염을 길렀다. 1930년대까지의 여성들은 스탠딩 롤(Standing roll)이나 고리로 리본이나 빗 등을 묶은 두발(hair) 위를 장식했다. 그리고 성당에서는 짧은 축모로 송이 지게 헤어스타일을 만들었다.

1840년대는 뒤쪽 두발(hair)을 변발(Plait : 길게 땋아 늘인 두발) 스타일이나 축모(Curl : 고슬두발)에 폭이 넓은 시뇬(Chignon : 뒤통수에 낮게 8자형이나 원형으로 두발(hair)을 틀어 쪽을 찌는 스타일. 가끔 장식적인 망사나 아름다운 핀으로 고정시키기도 한다) 스타일로 한 후에 옆쪽은 소시지 모양으로 길게 컬(Curl)을 주어 관자놀이위로 매끄럽게 떨어지게 한 후 헤어 오일을 발라서 윤이 나게 하는 차분한 스타일이었다.

축모(Curl : 고슬두발)와 지진 두발(crimping : 웨이브〈Wave〉 준 두발) 그리고 마셀웨이브(Marcel Wave : 자연스럽게 물결처럼 넘어가는 두발)은 프랑스의 미용사였던 마셀 그라테(Marcel Grateaul)에 발명된 열을 가하는 아이런(Waving iron)이 사용되어 짐으로서 가능해졌다.

1880년에는 앞 두발을 웨이브지게(Climp :지진 두발)한 상태로 알 이마위로 드리우게(Fringe) 하는 스타일이 유행이었다.

1890년에는 깁슨(Gibson) 소녀의 퐁파두르(Pompadour)은 얼굴을 높고 넓게 만들기 위해 패드(Pad)위로 빗질을 하고 뒤로 쓸어 넘겼다. 앞 두발을 뒤로 올려 빗어 템플(temple, 절의 사원)처럼 높게 보이게 하는 스타일로서, 프랑스의 루이 15세의 총희(寵嬉) 퐁파두르부인의 이름에서 그 어원이 유래한다.

참 고

1. 웨이브〈W3Vf〉 깊이 정도

축모(Curl) 〉 지진 두발(crimping) 〉 마셀 두발(Marcel Wave)

5 1900년대초~ 1950년대 중반

20C에 전쟁의 결과로 여성들은 정치적이나 사회적으로 해방되는 상징으로서 그들의 두상(head)을 어디서나 커트나 단발형태로 했다. 두상(head)에 딱 달라붙는 헤어스타일은 한 유명 영화배우의 페이지보이(Page-boy :웨이브가 안쪽으로 말리는 베벨-언더〈Bevel-under〉를 말함.) 스타일에서 영감을 얻어 짧은 스타일이 계승되었다.

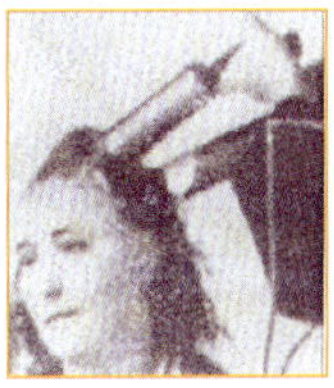

1905년 영국의 찰스네슬러(Charles Nessler)에 의해서 발명된 펌(permanant wave)의 출현으로 짧은 헤어스타일은 인기는 크게 상승했다. 초기의 펌(permanant wave)은 12시간 정도의 열을 요구했고 때때로 컬(Curl)상태의 효과를 주었고 후에 화학적인 발전으로 펌의 과정이 보다 간략해지고 간소해졌다.

1930년대 후반에는 플립형의 반대가 되는 스타일로서 페이지보이(pageboy)라는 어깨까지 오는 두발을 말아 웨이브가 안으로 지게 한 두발 모양의 베벨언더(Bevel under)혹은 안 말음이라고도 불리우는 스타일이 유행했었다. 페이지보이(pageboy)는 특히 1930년대 후반과 70년대에 두드러지게 유행했던 20세의 여성을 위한 고전적인 헤어스타일이다. 페이지(Page)라고 알려진 한 어린 소년의 안쪽으로 두발이 말린 헤어스타일에서 이름이 정해진 이 헤어스타일은 이미 15세기에 귀족들 사이에서, 특히 어린 소년들에게 있어서 어린 소녀 같이 보이게 하는 것이 그 당시에 유행이다. 그러나 근세에 와서는 남성들 그들 자신들은 남성적으로 보이게 하는 것으로 여성들은 예전에 다른 헤어스타일에 비해 대체적으로 간단한 이 헤어스타일을 선호하게 되면서 점차로 여성에 국한되어 갔다. 이 페이지보이(Page boy) 헤어스타일은 앞

참 고

영국 런던 사교계의 유명한 미용사인 찰스 네슬러(Charles Nessler)는 본래 독 일 태생으로 독일에서 본명은 칸(Kahn)이었다. 1905년경 런던에서 웨이브를 영 구히 지속시킬 수 있는 방법을 연구하던 중 우연한 계기로 플립(Flip)에 두발을 말고 그 위에 붕사와 물을 반죽해서 섞어 두발에 바른 다음 은박지 등으로 싸고 두발을 일일이 가열하던 중 알칼리제(붕산)가 두발에 웨이브(Wave)를 영구히 지속시키는데 효과가 있다는 것을 발견하였다. 그래서 그는 알칼리성의 수용액으로 적신 두발을 막대기로 감아 이것에 열을 가하여 영구적인 웨이브 일명 퍼머넌트 웨이브(Permanant wave의 줄임말)라고 불리우는 혁신적인 개발에 성공하였다. 그러나 사업적으로 영국에서 크게 성공을 못하자 미국으로 건너가 미국에서 선풍적인 퍼머의 유행을 일으키면서 그는 미용역사에 길이 남는 인물이 되었다.

두발을 가지런히 이마까지 잘라서 늘어뜨리고 어깨선 혹은 그 위선까지 얼굴형태에 맞추어 커트 하는 매우 주위를 기울여야 하는 스타일이며 아이런(Curling iron)을 이용해서 끝 부분을 넓게 피면서 얼굴쪽(안쪽)으로 말음(Curl)을 주는 헤어스타일이다. 40년대의 페이지보이(Page boy)는 측면과 두발의 가장자리의 안쪽 말음(Curl)을 유지하면서 앞 두발을 뒤로 넘기던가 아니면 높이 세워주거나 혹은 리본이나 장식용 핀으로 고정하는 방법으로 앞 두발의 변화를 띤 다양성을 보였다. 70년대에 들어와서는 앞 이마에 두발이 자연스럽게 가로지르게끔 하는 헤어스타일이 유행했다.

1950년대는 웨이브를 주기 위한 롤의 발명으로 기하학적인 컷이 더 중요하게 되었고 부드럽고 불룩한 스타일(Bouffant style)의 헤어스타일의 격식을 따지지 않는 여성의 버려진 모자를 쓴 스타일은 활동적인 젊음으로서 이탈리안식 헤어 층(Layer)을 만들어 줌으로써 짧게 헤어스타일을 갖도록 하는 것을 가능하게 만들어 두어다. 또 애완견인 푸들(poodles)의 고슬고슬한 털처럼 말음(Curl)을 많이 준 후 츠면과 두발을 짧게 커트함으로서 깔끔하게 커트 된 애완 푸들견의 털처럼 커트했다. 우리나라에서는 '아줌마 두발' 혹은 '쿤타키테' 두발로 유명하다.

이탈리안 커트(Italian cut)는 이태리 미인 영화배우인 지나 로라 브리지다(GinaLollabrigida)에 의해 유명해진 핀컬(Pincurl : 핀을 꽂아 만드는 고슬두발)의 짧고 약간은 섹시한 헤어스타일이다. 옷깃을 세우는 이탈리안식 스타일에서 긴 두발을 지닌 여성들은 패션에서 조금 떨어지는 두발을 밑으로 당기면서 세운 옷깃에 반대로 계속해서 빗질을 해주어야 했고 짧은 두발을 가진 여성들은 짧은 두발 상태를 유지하면서 그 자체로 멋을 내었다. 이탈리안 커트(Italian cut)는 보이기에 장난꾸러기 소년 같은 모습을 띄는데 이 헤어스타일 또한 축모가 많은 이탈리아 소년의 두발 스타일이 모태가 되었고 보수적인 여성들이 타이트한 고슬로 푸들 커트(Poodle cut)로 펌(Perm)을 하는 반면에 보다 개방적인 여성들은 핀컬 (Pincurl)이나 스핏컬(Spitcurl : 이마, 뺨에 납작하게 붙인 고슬두발) 펌(Perm)으로 섹시하고 보다 풀어진 듯한 자기 개성을 표현했다. 특히 스핏컬(Spitcurl)은 핀이나 혹은 손가락으로 두발을 액상 세팅 로션으로 간편히 말음(Curl)을 주면서 촉촉한 두발을 유지할 수 있어서 많이 애용되었다.

헤어커트 이름 중에서 가장 촌스러운 이름은 50년대 방황하는 십대들의 헤어스타일이었던 오리궁둥이 두발(Duck As, D.A)일 것이다. 여성들의 두발은 특별히 오리꼬리 두발(Duck Tail)라고 불리었다. D.A는 뒷 두발의 중앙부분을 밑으로 내려서 마치 오리의 궁둥이의 깃털처럼 보여서 이와 같이 이름이 정해졌다. 이 헤어스타일은 뒷두발 중앙부위로 빗질을 하되 약간의 웨이브를 주면서 두발 중앙에서 밑으로 끌어 내리 듯이 빗질한다. 멋진 스타일을 만들기 위해 모양을 만들 때 습윤(濕潤) 상태를 유지해주는 유지(油脂, Grease)등으로 윤기가 흐르게 헤어스타일을 유지했다. 문헌에 따르면 D.A는 1940년에 미국 필라델피아의 조우 씨렐로(Joe Cirello)라는 이발사에 의해서 처음 소개되었다고 한다. 락앤 롤(Rock & Roll)이 시작되었을 때 십대의 소년들은 시끄럽고 충동적인 음악적 행동과 더불어 D.A는 더욱 더 빛을 발하게 되었고 거기에 중심인 엘비스 프레슬리(Elvis presley)의 검은 두발 퐁파두르(Pompadour) D.A가 십대에게 미치는 영향은 실로 놀라운 록음악의 스타탄생을 예감하였다. 그러나 십대들의 부모들은 나쁜 영향을 주는 락앤 롤(Rock & Roll) 음악에 대해서 끝없는 비판을 했고 D.A 두발을 한 사람들 모두를 강패나 불량배 취급을 했다. 그러나 그러면 그럴수록 오히려 십대들은 D.A 두발을 하려고 달려들었고 소년들은 그들의 헤어스타일에 대한 걱정은 뒤로하고 어떻게 해야지 멋있게 보일까에만 관심이 있었으며 그로 인해 목욕탕의 거울을 두고 그들의 누이와 거울 쟁탈전을 벌여야 했다. 이가 넓은 금속 빗은 소년들의 청바지 뒷주머니 포켓에 항상 꽂혀 있었고 하얀 티셔츠를 휘날리면서 오토바이 폭주를 즐겼고 각 패들간의 싸움과 폭동은 최고의 혼란을 야기시켰다. D.A의 헤어스타일에 다양함을 줄 수 있는 부분은 뒷 두발을 그 스타일 그대로를 유지하면서 윗부분이나 앞 두말 변화를 주었고 웨이브를 준 퐁파도르(pompadour)가 그것이었다. D.A는 락앤롤(Rdck & roll)음악의 출현과 함께 연계되었으며 반항하는 십대를 대변했다.

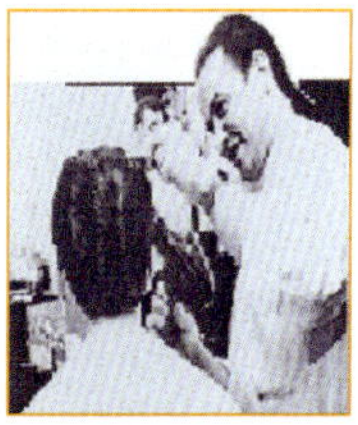

엘비스 프레슬리 (Elvis Presley)의 헤어스타일은 이미 18세기에 프랑스의 루이 15세의 총희(寵嬉) 퐁파두르부인의 이름에서 그 어원이 유래되었던 토포즈(Pompadour) 스타일로서 이마 뒤로 곧게 빗어 넘겨 높게 왕관과 같이 만든 앞 두발과 바짝 붙여 넘긴 옆머리는 세기를 넘어선 고전적인 스타일의 부활이었다. 그러나 이 헤어스타일은 그 당시의 반항하는 젊은이들의 헤어스타일의 새로운 대명사로서 자리잡게 되었고 락큰-롤(Rock and roll) 음악으로 열광의 도가니로 만든 엘비스의 퐁파두르(Pompadour) 헤어스타일은 D.A{Duck ass : 오리 엉덩이같이 뒤 두발 스타일을 띄운 남성 스타일. 오리 꼬리(Duck tail)은 여성에게 칭했다.}로 뒷모습을 만들고 앞모습은 퐁파두르(Pompadour)로 만든 헤어스타일은 1950년

대를 한동안 들끓게 했다. 간혹 대담한 여성들은 남성들과 같이 뒷모습은 D.A 앞모습은 퐁파두르(Pompadour) 스타일을 시도하기도 했지만 이 헤어스타일은 거의 대부분이 남성의 헤어스타일에만 국한되었다. 이러한 왕관형태의 두발을 만드는 데는 포마드(Pomade)나 그리스(Grease)의 정성어린 사용이 있었기 때문이다. 끈적끈적하고 기름기 있는 고체형 액은 주의 깊게 손이나 빗을 이용하여 두발의 모양을 만들면서 촉촉함을 유지시킬 수 있었고 보기 좋게 밸런스의 높이를 유지하는 것은 무척이나 힘든 과정이었기 때문에 대부분의 소년들은 부드럽고 보기 좋게 앞두발을 높이기 위해서 많은 시간을 투자해야 했다. 그리고 멋진 헤어스타일을 완성했을 때는 운동 경기에서 이긴 것과 같은 희열을 그들은 느꼈다. 1970년대에 들어와서 영화 '토요일 밤의 열기(Saturday Night Fever)'의 주인공인 '존 트라볼타(John Travolta)에 의해서 디스코(Disco)란 댄스의 열풍과 더불어 퐁파두르(Pompadour) 스타일은 다시 재현되었다. 이때는 헤어스프레이와 젤 그리고 드라이어(Blown dry)의 유행으로 보다 쉽게 헤어스타일을 완성할 수 있었다.

6 1950년대 말 ~ 1960년대

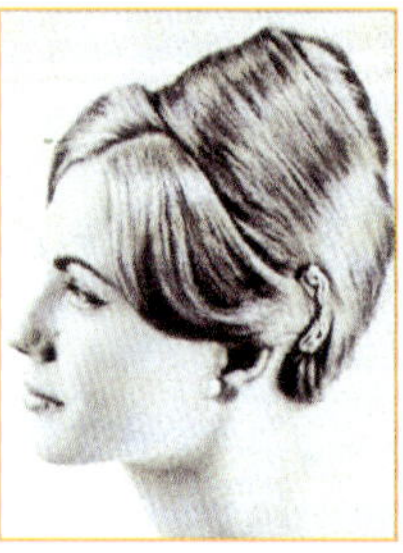

1950년대 말 ~ 1960년대 초 런던의 테디 걸(Teddy girl)에 의하여 유행하게 된 비하이브(Beehive)는 사전적 의미가 "벌통"을 의미하는 것처럼 뒤로 두발을 빗어 넘겨 둥근 돔(dome)처럼 높게 과장시켜 벌통을 연상시키는 두발 모양이다. 소라모양으로 생겨서 "소라두상"라고 불리우는 이 헤어스타일은 목화 캔디같은 두건을 두상에 쓴 말괄량이 아가씨같은 이미지이지만 실제로는 섹시하면서 우아한 헤어스타일이어서 저녁 만찬이나 파티에 초대될 때 60년대에 여성들이 많이 즐겼던 헤어스타일이다. 50년대에는 비하이브(Beehive)의 창작적인 시도가 주류를 이루었다면 60년대에 들어와서는 더 정교한 창작 작업과 더 높게 거꾸로 빗어올려 비행기 조정석의 둥근 덮개처럼 불룩한 두발 모양(Bouffant)을 만들었다. 원뿔 모양으로 둘둘 말자서 형태를 조심스럽게 말은 비하이브(Beehive)는 별다른 지지대 없이 높고 불룩하게 두발 모양을 거꾸로 빗어 올려 실제로 벌통과 유사하게 형태를 잡았다. 백 코움잉(Backcombing : 거꾸로 빗어 세우는 것)이라는 단계를 거치려면 별다른 지지대가 없기 때문에 많은 양의 과도한 헤어스프레이를 사용해야했으며 목화 캔디(Cotton candy)처럼 부드럽게 보이기 위해서 얽힌 부분을 잘 정리하면서 딱딱하게 굳게 만들어야했다. 시간이 갈수록 점점 더 정교하게(예를 들어 모발의 작은 여러가닥을 12개로 꼬은 두발에 말림〈Curl〉을 주기도 하였다.) 만들어진 비하이브(Beehive)는 뛰어난 미술작품이라고 해도 과언이 아닐 만큼 놀라운 수준이었다. 그러나 그 모양을 유지하기 위해서 몇 주 동안 씻지 않고 보냈기 때문에 적지 않은 위생상의 문제를 야기하기도 했다. 심지어 두발이 흐트러지지 않고잘 유지하기위하여 침대에 앉아서 선잠을 자는 것까지도 마다하지 않았다.

그런 이유때문에 후에 여성들은 이 헤어스타일에 공들이는 시간을 포기했고 가위로 그녀들의 두발을 잘라 내야만 했다. 비달사순(Vidal Sassoon)의 기하학적인 보브(Bob : 단발《斷髮》) 커트는 이런 큰 불룩한 두상모양(Bouffant)을 만들기 위해서 요구되어지는 끝없는 시간으로부터 여성들을 해방 시켰다. 이것은 많은 여성들이 두발에 시간을 들이지 않고 바로 씻고나갈 수 있다는 새로운 개념으로 자리 잡을 수 있었으며 주말 사교 모임등에서 여성들의 결속력 및 자신의 품위를 나타낼 수 있는 형태로서 많은 변화를 주었다. 이런 이유로 비하이브(Beehive) 스타일은 서서히 사라졌고 새로운 도전적인 헤어스타일이 자리를 잡아감으로서 비하이브(Beehive)를 했던 과거의 여성들은 경의(敬意)의 대상이 되었다.

1960년대에는 모든 가치에 완전 가발, 반 가발, 긴 가발의 형태로 헤어 피스를 한 보다 자연스럽게 보이고 실용적으로 보이게 하는 가발은 여성들의 기호와 기분에 맞게끔 거의 모든 여성들을 가능하게 해 주었다. 크루컷(Crew cut)은 1940년대와 1950년대 대학생들 사이에 유행한 스타일로, 양 옆과 뒤를 바짝 자른 짧은 두발형이다. 브러시 컷(brush cut)이라고도 한다. 거의 대부분의 남성들은 깨끗하게 면도를 했다.

1970년대에 들어와서는 군인들 두발 특히 장교 두발 혹은 강하게 보이는 스타일이나 애국적인 젊은이들의 대표적인 스타일이 되었다. 버즈커트(Buzz cut)가 전체 두발을 가로 지르면서 두발을 양터로 깍듯이 완전히 삭발한 반면 크루컷(Crew cut)은 head의 두발을 몇 Cm 정도 남겨두고 측면과 뒷부분을 싱글링(Shingling : 밑을 짧게 치는 단발) 했다. 또한 크루컷(Crew cut)은 윗 두발을 자라게 하면서

참 고

1. 빙글(bing1e)
깍아 올린 짧은 단발(hair)을 말한다. 보브와 싱글의 혼합형이다. 뒤쪽의 일부 싱글의 여성 쇼트 보브

2. 싱글(shingle)
지붕의 경사처럼 밑에서부터 위로 차차 짧게 깎은 두발 형태. 1920년대 여성에게 유행한 스타일이다.

납작하고 직선으로 커트했기 때문에 플랫 탑(Flat top)이라고도 불리었다. 크루컷(Crew cut)은 보다 더 나이 많은 젊은이들이(특히 대학생 및 그 이상) 선호한 반면 어린 학생들은 주로 버즈컷(Buzz cut)을 했다. 그 이유는 크루컷(Crew cut)이 버즈 컷(Buzz cut)보다 더 어른스러워 보이고 신중해 보였기 때문이다. 오늘날에 이 커트는 모범적이고 단정한 이미지로 전 세계에서 아직도 많은 사랑을 받고있다.

아프로(Afro)란 1960년대 아프로-아메리칸(Afro-American : 아메리카 흑인)들에게서 유행된 스타일로서 고수머리(곱슬머리)를 짧게 말아올려 컬을 하거나 동그란 헬멧 스타일로 만든 모양이다. 처음에 아프로 아메리칸(Afro-American)들은 그 전 본토의 아프리카 전통 복장이나 악세사리에 대해서 큰 애착을 두지 않고 백인 사회의 복장 혹은 그 외의 모든 것을 미(美)의 기준으로 삼았다. 하지만 그들의 독특하고 무척이나 억센 두발을 백인의 헤어스타일에 맞추려고 하는 데는 무척이나 많은 문제점들이 발생했다. 그래서 발생된 것이 아프로(Afro)라고 불리우는 흑인들 그 자신들의 자연적인 그들의 헤어스타일이었다.

아프로(Afro)는 1950년대에 흑인 인종차별에 대한 폭동에서 처음으로 만들어졌는데. 흑인 인권운동가이자 흑인 이슬람 전도자인 말콤엑스(Malcom X)는 두발을 펴는 독한 약으로 두발을 펴는 것과 감은 두발을 탈색하는 것에 대해서 강한 부정을 담은 설교를 했다. "미국 흑인들의 성은 원래 그들 조상의 것이 아니고 이들을 노예로 부리던 옛날의 백인 주인들이 멋대로 붙여주었던 것이니만큼, X자를 써서 흑인의 빼앗긴 이름을 상징한다는" 말처럼 그는 성을 X로 바꾸었고 그들 자체의 것을 소중하게 생각하자 라는 구호는 정신적이나 육체적으로 백인들의 잔인성에서부터 흑인을 보호하고 세계의 우위에 서자는 내용으로 서방(西方)에 사는 아프리카인들의 결속을 다지게 했다. 60년대의 흑인들이 표현했던 아프로(Afro)는 반(反)체제 문화에서 시작된 투쟁적인 갈기같은 긴 두발에서 왔고 본연적으로 강하고 짧은 고슬두발에 엉클어진 두발은 자연스러운 그들만의 조화로운 모습으로서 보다 세련되어갔다.

70년대 흑인 빈민가의 유행은 아프로(Afro)가 주류를 이루었고 세계적인 팝스타 마이클잭슨(Michael Jackson)도 잭슨 파이브(Jackson 5) 시절부터 1982년 'Off the Wall' 앨범이 나오기 전까지 아프로(Afro) 헤어스타일을 했었다. 거기다가 브랙프로이테이션(Blaxploitation : 영화나 연극에서의 흑인개발사업)이라는 사업은 아프로(Afro)를 '흑인들의 긍지(Symbol of black pride)' 에서 '흑인들의 파워

(Symbol of black power)' 로까지 생각하게 되는 계기가 되었다. 그리고 아프로(Afro)의 내면에는 흑인 차별에 대한 평등의 주장과 백인들의 무자비한 폭력에 대한 조심스러운 폭로가 담겨져 있다. 아프로(Afro)의 내면에는 두상(head) 가까이에 바싹 붙은 짧은 스타일에서부터 문을 통과하기 힘들 정도의 커다랗게 부풀게 한 헤어스타일까지 실로 높이에서는 여러 스타일이 있었지만 공통적인 것은 완전하게 균형이 잡히게 만든 동그란 스타일이라는 것이다.

1960년대에 이르러 비 순응주의 성향의 젊은이들이 생기면서 사회에 대한 반항의 심리로 얽메이지 않는 비 정장 스타일의 자유스러운 복장과 긴 두발과 긴 턱수염, 긴 구레나룻을 기르는 반 사회적 스타일이 유행했다. 전위적인 록뮤직(rock-music) 그룹인 비틀즈(Beatles)가 소개한 남성 장발 스타일이기도 하며, 이 스타일은 비틀즈의 멤버들에 의해 소개가 되었기 때문에 비틀 컷(Beatle cut) 이라고도 불리어진다. 극도로 와일드한 스타일을 선호하는 사람들도 있었고, 몸차림이 단정하고 절제(節制)있는 생활을 원하는 사람들은 헤어스타일을 납작하게 정리했다. 그러한 스타일은 커트 가위, 커트 칼(Razor), 로션, 건조기, 헤어스프레이, 염색을 하는 남성 전용 미용실의 새로운 장을 열게 했다. 대뷔 초기 비틀즈(Beatles)의 더벅 두발(Mop-top) 스타일은 앞 두발을 드리우는 긴 장발 스타일의 바가지 두발(Bowl cut) 형태로서 60년대 초기의 폭발적인 인기를 얻었다. 정확하게 이 헤어스타일의 제공자는 비틀즈(Beatles)그룹 이름 전 최초의 비틀즈(Beatles) 이름인 쿼리맨(Quarrmen : 채석장 인부)의 멤버였던 베이스 키타 리스트였던 존 레논(Johl Lulrun)의 대학동기인 스타우튼 써클리프(Stuart Sutcliffe)의 여자 친구인자 사진가였던 아스트리드 컬쳐(Astrid Kirchr)의 제안으로 만들어졌다. 더벅hair(Mop-top)의 명칭은 접시모양의 더벅 두발(Dish MOp)인 새그(Shag)와 유사하게 커트되는 되서 유래됐다.

십대들은 비틀즈(Beatles)의 괴이하면서 멋지고 현대적인 헤어스타일과 전염성 강한 음률에 빠져들면서 비틀즈(Beatles)를 하룻밤 사이에 십대들의 우상인 락스타로 만들어 버렸고 전 세계의 십대들의 교실을 야단법석으로 무기력하게 만들었을 뿐 아니라 그들의 부모들을 당황하게 만들었기 때문에 전 세계의 락(Rdck) 비평가들은 '전 세계의 비틀즈 메니아를 미치게 하는 그들의 헤어스타일' 이라는 주제로 대대적으로 위신을 떨어뜨리는 락과 비틀즈(Beatles)의 헤어스타일에 대해서 비평했다. 하지만 비평이 심해질수록 십대들은 더욱더 열광적으로 변해갔고 그 당시의 기성세대의 모든 바램들을 한순간에 날려 버렸다.

한편 더 짧아진 여성의 두발 스타일로서 개민(Gamine)스타일은 사전적 의미가 말괄량인것처럼 마치 소년같이 보이게 뒤와 옆을 짧게 치켜 깍고 앞을 비스듬하게 깍은 깜찍한 말괄량이에게 어울리는 귀여운 헤어스타일이며 길거리 개구쟁이 두발 같다고 하여 얼친(Urchin)커트라고도 불려졌다. 특히 여자영화배우 중에서 장 세버그(Jean Seberg)나 '로마의 휴일'의 오드리 헵번(Auey Hepburn)과 같은 영화배우들은 그 당시에 상당히 파격적인 짧은 커트스타일을 유행시킴으로서 전 세계의 여성들 특히 직장여성 혹은 프리랜서 직업을 가진 여성들로 하여금 보다 적극적이고 도전적인 사회 여성상의 표본으로 여겨지기도 했다. 비트족 여성(Beatnik ladies : 인습적인 행동이나 복장을 배척하는 여성들을 칭한다.)이라 불리였던 여성들은 무릎 위 어깨서 잘라버린 청바지의 너풀너풀 거리는 올 모양을 헤어스타일에 최초로 접목시키면서 개민(Gamine)커트는야성적으로 보이게 자연스럽게 헝클어뜨리거나 톱니나 혹은 가두리 장식과 컷팅 앞 두발을 드리운 단발의 앞두발 (fringed bangs)로 짧게 커트 했다. 1990년도에 이 개민(gamine) 스타일은 플립(Flip)커트라고 다시 명명(命名))되어 복고풍의 새로운 유행 바람을 일으켰다.

Frlnged bangs

60년대의 가장 멋진 스타일인 폴립(Flip : 공중제비회전, 미용용어로 바깥쪽으로 말아주는 것, 베벨 업(Bevel up), qkRkx akfdma)은 앞 두발을 앞으로 빗은 후 그 위로 두발 윗 부분을 비행기 조정석의 둥근 덮게처럼 약간 부풀려서 거구로 빗어 세워{티즈(Tease, 미국) 백콤(Backcomb, 영국)} 왕관처럼 만들어주고 밑으로 두발을 빗으면서 두발의 끝쪽으로 갈수록 측면에서 다른쪽 측면까지 크고 부드러운 웨이브를 그리는 것처럼 보이게 말끔하게 양쪽의 균형을 맞추면서 끝에 컬(Curl)을 바깥쪽 위로 탄력있게 만들어주는 스타일이다. 앞 두발을 가지런하게 자르거나(Bang) 머리띠를 이용해서 플립(Flip) 스타일을 우아하면서도 한층 귀엽고 깜찍한 이미지로 표현했으며 60년대의 자유스럽고 편안한 여성상을 표현한 전형적인 헤어스타일이었다.

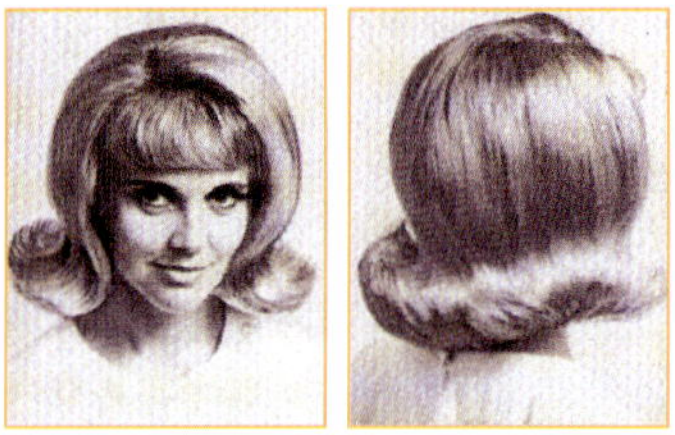

1965년 헤어스타일리스트인 폴 멕그리거(Paul McGregor)에 의해서 도안된 새그(Shag)는 거칠거칠하면서 거친 두발 으낌이 들도록 길게 층이 나게 가르는 유선형의 헤어스타일이다. 긴 두발을 가진 히피족(Hippie)의 두발에 웨이브가 들어가 약간은 도전적이

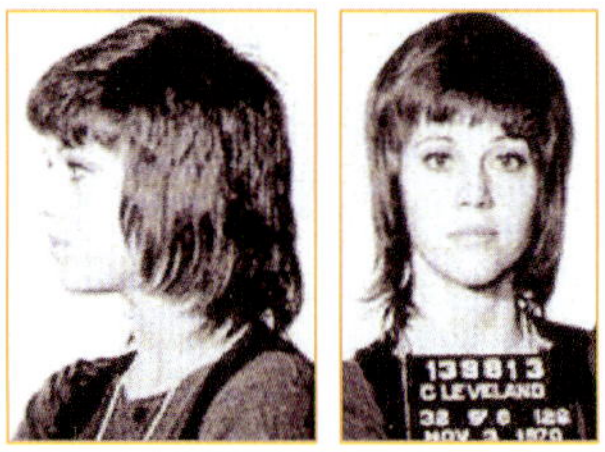

고 대담한 스타일인 새그(Shag)는 양성(兩性)적으로 혹은 세련되게 보이려고 하는 락커(Rocker)들에게 빠르게 전파되었다. 그 중에 롤링 스톤즈(Rolling Stones)나 로드 스튜워츠(Rod Stewart), 데이빗 보이(David Bowie)같은 락커(Rccker)들은 양성(兩性)적인 이미지를 트레이드 마크로 내세우며 여자같은 스타일로서 긴 갈기 같은 헤어스타일을 했다.

그중 데이빗 보이(David Bowie)는 새그(Shag) 헤어스타일에 붉게 전체 두발을 염색하고 앞 두발을 스포츠형의 헤어스타일처럼 아주 짧게 커트함으로서 불균형속의 조화를 만들어냈다. 여자 영화배우 제인 폰다(Jane Fonda)는 섹시하게 보이는 새그(란lag)를 선보이면서 또 다른 매력을 보여 주었다. 새그(Shag)의 인기는 날로 더해져 갔고 90년대에 이르러 하드 락(Hard rock) 음악 뮤지션들에게도 많은 인기를 받았으나 곧 그 열기가 식는 듯 하였다. 하지만 90년도에 들어서면서 새로운 새그(Shag) 스타일을 선 보이면서 또 다시 많은 사랑을 받고 있다.

강모(剛毛)를 가진 고슴도치(Hedgehog)가 귀엽다는 생각이 드는 사람은 별로 없을 것이다. 하지만 만약 잘생긴 가수나 영화배우 혹은 텔런트가 이런 고슴도치처럼 삐죽삐쭉 세운 헤어스타일을 했다면 귀엽거나 혹은 섹시함까지 느낄 수 있을 것이다. 1980년대에 들어와서 이 고슴도치 두발에 가죽 자켓 그리고 검은 썬글라스를 썼던 연예인들의 못브을 모방해서 젊은 사람들은 심지어 밤에도 썬글라스를 쓰고 다니게끔 했던 아주 불편한 유행을 시킨 이 고슴도치 두발(Hedgehog)의 열기는 아주 열광적이었고 특히 무스(Mlusse)나 젤(Jel)같은 헤어 세팅제가 소개되면서 소량(小量)으로 빠르고 짧은 시간 내에 촉촉한, 방금 샤워를 한 듯한 느낌을 갖게끔 하는 헤어스타일이거나 혹은 두발이 삐죽삐죽 곤두서게 해서 폭탄을 맞은 듯한 느낌을 제공함으로서 쉽게 일반인들이 개개인의 개성을 독특하게 표현할 수 있는 헤어스타일로 자리 매김하였다.

7 1970년대

미녀 삼총사
(Charlie's angels)
파라포셋트
(Farrah fawceff)

1970년대 TV 인기외화 '미녀 삼총사(Charlie's Angels)' 의 바람에 날리는 금발 미녀 여배우 파라 포셋트(Farrah Fawcett)의 헤어스타일은 금발의 반 고슬, 반 웨이브 진 공기역학적(空氣力學的)인 날개두발(Feathered cut) 스타일이었다. 파라 포세트(Farrah Fawcett)는 70년대 우상이었다. 그녀의 과감한 어깨끈

없는 수영복을 입은 포스터는 그 당시의 십대 소년들로 하여금 최면술에 걸리게 했고 소녀들은 앞 다투어 헤어스프레이를 사거나 아이런(Curling iron)을 하기 위해서 앞다투어 경쟁을 하였라. 그러나 파라 포셋트(Farrah Fawcett)의 바람에 날리는 금발 반 웨이브진 두발을 모방하기에는 역부족이었다. 날개 달린듯한 헤어의 70년대 경향은 독특한 변화로서 표현되었고 파라 포셋트(Farrah Fawcett)의 손으로 옆 두발을 뒤로 쓸어 내릴 때 요염하게 흐르는 그녀의 웨이브진 두발이 그녀의 얼굴을 살짝 가려져서 매혹적으로 보이게 하는 그녀의 모습은 최고의 글래머한 스타일을 만들어내는데 전혀 손색이 없었다. 하지만 그녀의 헤어스타일처럼 계속 그 상태의 스타일을 유지하기에는 아침부터 저녁까지 고용할 수 있는 최고의 전문 미용사팀을 가지고 있지 않다면 불가능한 일이다.

그럼에도 불구하고 많은 여성들은 그녀를 모방하기위해 투자하는 시간을 전혀 아까워 하지 않았다. 파라 포셋트(Farrah Fawcett)의 헤어스타일을 만들기 위해서는 강한 열을 낼 수 있는 헤어드라이어와 많은 양의 헤어스프레이, 그리고 크고 둥근 두발을 말기 위한 롤빗이 필요했다. 이것은 중력의 힘을 무시하고 두발의 웨이브가 밑으로 떨어지지 않고 그 상태을 유지하기 위한 것이었다. 또 다른 여성들은 매혹적으로 보이는 것보다 오히려 조안 제트(Joan Jett : 여성락커, 대표곡은 'I love rock n roll' 으로 가창력있는 대표적인 여성 락커)처럼 파라 포셋트(Farrah Fawcett)의 부드러운 날개 두발(Feathered cut)과는 달리 웨이브나 컬(Curl)이 없고 앞 두발을 제외한 옆면을 당당하고 도전적으로 보이기 위해서 뒤로 빗었고 각층(Layer)을 날카롭게 했다. 그층을 완전하게 표현하려면 스타일로서가 아닌 커트로서 가능했고, 레이져(Razor)로 두발 끝을 처리하여 날카로운 층을 만들고 커트 가위로 부드러운 층을 만들어 내어 종합적인 새로운 헤어스타일을 탄생시켰다. 곧은 두발이나 혹은 고슬두발, 가는 두발이나 혹은 굵은 두발, 억센 두발이나 혹은 부드러운 두발 등이날개두발(feathered cut) 레이첼(Rachel) 두발과 보브(Bob) 두발이 유행하기 전 70년대 전반과 80년대 초반까지 이 헤어스타일의 유행은 계속 되었었다.

로빈(Robin)

앤디(Andy)

베리(Barry)

70년대 섹시한 비지스(Bee Gees) 삼형제의 전염성있고 인상적이고 호화로운 디스코(Disco) 무대는 명백한 최고임에 틀림없다. 비지스의 헤어스타일은 파라 포셋트(Farrah Fawcett)의 날개 두발 남성 버전이라 해도 과언이 아닐만큼 영혼을 휘날리는 자연스러움 그 자체였고 비지스 두발(Bee Gees)이라는 새로운 남성 헤어스타일을 만들어냈다. 사자의 갈기처럼 뒤로 자연스럽게 넘겨진 긴 두발은 섹시한 남성미를 풍겼고 십대의 많은 소년들로 하여금 많은 시간을 목욕탕에서 드라이하는데 시간을 투자하게 했다. 비지스(Bee Gees)의 멤버는 아니지만 그들의 막내동생 앤디(Andy)의 헤어스타일은 큰형 마우리스(Maurice)와 쌍둥이 형인 둘째 로빈(Robin)과 쌍둥이 동생 셋째 배리(Bary)의 헤어스타일을 섞어 놓은 듯한 느낌이 들었다. 앤디(Andy)의 헤어스타일은 섹시한 스타일로 매우 인상적이지만 배리(Barry)의 사자 갈기 같은 남성미를 풍기는 헤어스타일은 그만의 스타일로 최고였다

흑인들의 자연 상태의 두발 아프로(Afro)가 유행을 잃어 가면서 젖은 듯 하게 보이는 제리컬(Jheri-curl)이 새로이 등장했다. 가수 마이클 잭슨(Michael Jackson)에 의해서 유행을 타게 된 이 헤어스타일은 퍼머약을 두발에 도포하고 롤이 큰 것으로 와인딩(Winding : 퍼머 과정중 롤을 마는 과정)을 한 후 퍼머 약을 재차 발라서 두발을 이완 시키고 10분 후에 중화제를 발라주어 수축을 시킬 때 흑인 자체의 강한 고슬두발 상태가 롤에 의해서 완전히 제자리로 돌아오지 못하고 롤 크기 만큼의 웨이브를 만들어낸다. 그리고 젖어 보이는 두발을 만들기 위해서 젤이나 보습제로 마무리하면 이와 같은 스타일을 만들어 낸다. 두발 보호제 회사 사장이면서 제리컬(Jheri-curl) 이름의 당사자였던 제리 레딩(Jheri Rodding)은 젖은 상태를 유지하게 해주는 젤과 보습제를 만들어 낸 사람이기도 하다.

'사업상의 일에는 정면을 보여줘라(Business in the front, party in the back.)' 는 말처럼 앞 두발은 짧고 뒷 두발은 길어서 숭어(崇魚)와 모양이 비슷해서 뮬렛(Mullet : 숭어)두발 또는 하키선수들이 이 두발을 많이 해서 하키헤어 그리고 남성들이 여성으로 보이기도해서 동성적(同性的)인 헤어, 양면성을 띤 헤어 등 수 많은 수식어를 가진 이 헤어 스타일은 맨손의 마법사 맥가이버(MacGyver)두발이라는 이름으로 우리나라에서 널리 알려져있다.
새그(Shag)에서 시작된 양성화(陽性化)의 유행은 70년대 초반에 한 터프한 락커(Rocker)의 헤어스타일에 의해서 더욱 더 두드러졌다. 유니 섹스(Unisex) 변화의 물결은 남성들은 남성 우월 주의적인 생각을 접게 했고 여자들은 보다 남성스럽게 강해지기를 원했다.
미국의 여성 락커(Rocker)인 조안 제트(Joan jett)는 깃 달린 날개같은 두발을 한 부드러운 스타일에서 가죽 점퍼를 입고 보다 강렬해 보이는 남성적인 하드 락커로 대 변신을 시도했다. 70년대 말과 80년대 초반에 들면서 뮬렛(Mullet) 헤어스타일은 남성이 한쪽 귀에 귀걸이를 한다던가 유리같이 반사되는 썬그라스에 근육

을 돋보이게 하는 티셔츠 그리고 타이트한 청바지등의 새로운 뮬렛 스타일을 탄생시키면서 십대들의 유행을 이끌어갔다.

흑인들의 힙합(Hip-hop)문화에서 진정한 아프로(Afro)의 중심은 90년대에 라스타리안(Rastafarian : 에디오피아 황제(Ras Tafari)를 신으로 신앙하는 자메리카 흑인들)의 드레드락(Dreadlocks : 두려움을 잊게 해주는 상징적인 의미로서 여러가닥의 로프 모양으로 땋아 내린 두발 모양이다.)이라 할 수 있다. 하지만 고불고불 말아 올라간 헤어스타일은 이보다 역사가 더 길다. 카리브해 아프리카 흑인들은 종교적(레위기 21장 5절 : 두발을 삭발해서는 안된다)인 이유로 그들의 고슬두발을 빗질하지 않고 자연스럽게 길게 자라게 남겨두거나 혹은 꼬아서 매듭지게 했는데, 이것은 두발이 영적인 신체의 일부분이라고 생각했고 영적인 부분을 없애지 않고 두발이 자연적인 상태로 계속해서 자라게 하면 두려움은 사라진다고 믿었기 때문이다. 1975년 매듭진 긴 두발을 가진 음유시인 라스타파리안 출신 가수 밥 말리(Bob Marley)에 의해서 이 헤어스타일이 소개되면서 일반인들에게도 널리 알려졌다.
80년대에 아프로 아메리칸(Afro-american)의 미국 사회의 진출이 급격히 늘어나면서 이 드레드락(Dreadlocks)도 젊은 흑인들 헤어스타일에 일반화를 가져왔다. 90년대에 들어와서는 흑인 젊은 연예인들이나 랩퍼들은 크게 두발의 섹션을 나누어서 짧게 뭉쳐 댕겨서 여러 줄로 두발을 땋아 장식하여 만든 콘로(Cornrow : 옥수수+열, 줄)라는 새로운 스타일을 만들어내어 밥 말리(Bob Marley)와는 조금 다른 스타일을 선보였다. 드레드락(Dreadlocks)도 아프로(Afro)처럼 흑인들의 전통적인 스타일을 이어 받은 것이고 60년대에 백인들이 아프로(Afro) 헤어스타일을 모방했고 90년대에 들어와서는 드레드락(Dreadlocks)을 모방했다. 이것은

참 고

유니 섹스 룩(Unisex Looks)

1960년대말경부터 1970년대에 페미니즘의 열풍이 몰아 치면서 여성이 남성처럼 옷을 입고, 남성이 화려한 무늬의 옷을 입거나 목걸이를 착용하는 등의 풍조를 가리키며, 모노섹스(monosex)라고도 하고 그중에 청바지는 유니섹스의 대모가 남자냐 여자냐 하는 것은 상관없으며, 남녀의 구별은 복장에 의하는 것이 아니라는 감각이 유니섹스 유행의 배경이 되었고 남성과 여성이 같은 옷을 입는 전통적인 성 역할을 거부하고 여성들도 어디에서나 바지를 입을 수 있다는 동등한 입장에서의 경쟁과 성취를 추구하는 새로운 경향으로 자리잡았다.

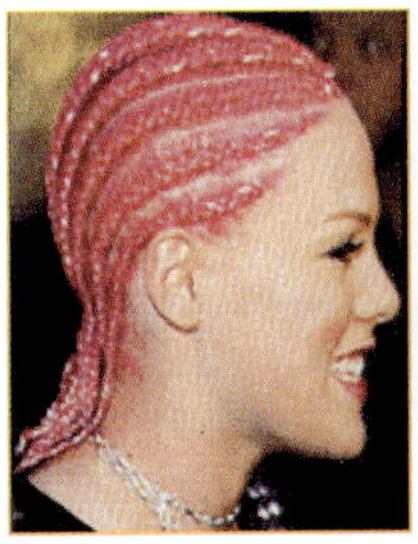

랩 음악을 듣고 자란 신 히피족(Neo-hippie : 흑인 할램가에서 자란 백인들)들의 새로운 문화적 시도로 볼 수 있다. 그러나 드레드락(Dreadlocks)을 시도하기에는 백인들에게 있어서 자연스러운 자신들의 두발인 흑인들에 비해 엄청난 노력이 필요했다. 그래서 미용실을 찾아가서 아주 강하게 두발을 말거나 가발을 붙이거나 심지어 먼지와 두발기름이 서로 엉겨 붙게 하려는 목적으로 한달 정도 두발을 감지 않는 사람도 있었다. 우리나라도 90년대 말부터 21세기에 들어와서 힙합과 레게음악을 좋아하는 젊은이들이 조금씩 이 스타일을 모방하고 있다.

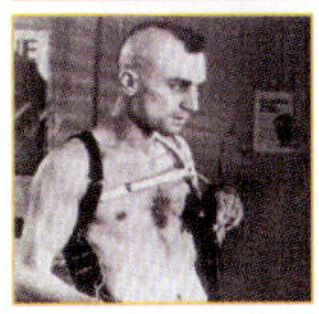

택시드라이버의
로버트 드니로

영국
데이비드 베컴

미국
클린트메시스

펑크락(Punk rock)이라 불리우는 길고 다양한 이 헤어스타일은 모호크족(Mohawk :북미 인디언 종족)중에서 미국 토착민이던 이로쿼이족(Iroquois :뉴욕에 살던 인디언)의 의식에 쓰이던 헤어스타일로서 그 기원이 추정된다. 모히칸(Mohicans : 북미 인디언 종족)은 앞 이마에서 목선(Nape line)까지 두상(head)의 중앙에서 뒤로 걸쳐지게 두발을 똑바로 위로 뾰족하게 세워서 붙인 모호크족 두발줄기(Mohewk ridge) 라고 불리우는 두발 털이 붙은 사람의 두상(head) 가죽을 벗겨서 만든 장식품으로 두발을 장식하고 그 나머지 부분을 삭발했다. 20세기에 들어와서는 모호크(Mohawk :북미인디언)의 도전적이고 진취적인 정신을 이어받아 1945년 미국 낙하산병의 헤어스타일을 행운의 상징인 활주로 두발로 바꾸면서 널리 알려지게 되었다.

1976년 택시 드라이버(Taxi driver)의 주연 배우인 트레비스 비클(Travis Bickle)역의 로버트 드니로(Robert De Niro)는 베트남 전쟁으로 인한 전쟁 후유증 증세를 보이는 택시드라이버 역으로 등장한다. 부패하고 썩어가는 사회에 대한 절망감, 좌절, 절망, 그리고 사회로부터의 고립되는 자아를 발견하고 부패한 사회를 적군으로 인정하여 뉴욕시와의 전쟁을 선포하고 자신만의 정당한 살인을 자행하기 전 미 군인의 상징인 모호크(Mohawk) 헤어스타일로 가운데 두발을 남겨둔 채 나머지 두발을 삭발했다. 펑크락(Punk rock)의 변화는 이마에서 목선으로 종선(縱線)으로 이어지던 스파이크(Spike)를 귀에서 다른쪽 귀로 횡선(横線)으로 로 이어지는 스파이크(Spike)로 변화를 주거나 공룡의 등같이 스파이크(Spike)를 우거지고 높게 긴 화초같이 변화를 주었다. 앞쪽 부분은 폭포같이 보이게 얼굴을 가리거나 유니콘(Unicorn) 뿔처럼 보이게 스파이크(Spike)를 위쪽으로 올렸다.

2002년 한.일 월드컵 경기에서 유난히도 이 모호크(Mohawk) 헤어스타일을 한 선수들이 두드러지게 선보였는데 그중에서 핸섬한 외모의 데이비드 베컴(David Beckham)의 모호크(Mohawk) 헤어스타일은 일본 열도와 한국의 젊은이들에게 많은 사랑을 받으면서 베컴 두발이라는 새로운 이름으로 자리 잡았고 유달리 축구 시합에서 모호크(Mohawk) 헤어 스타일이 축구선수들에게 인기를 얻는 이유는 이 헤어스타일의 의미가 도전적이고 진취적인 의미로 그들에게 받아들여지기 때문일 것이다.

미국 NBC TV의 드라마 시리즈 '친구(Friends)'의 제니퍼 에니스톤(Jennifer Aniston)은 레이첼(Rachel)역으로서 레이첼(Rachel) 커트를 유행시킨 장본인이다. 레이첼(Rachel) 커트는 60년대의 나인 투 파이브(9 to 5)의 여배우 제인폰다(Jane Fonda)에 의해서 유명해진 섀그(Shag)의 현대판 버전이라 할 수 있고 섀그(Shag)에 비해서 얼굴을 약간 가려서 얼굴의 포인트를 더 강조하고 층(Layer)이 더 길면서 매끈하게 헤어라인이 잘 빠지게 함으로서 현대의 도시 미혼 여성들에게 너무나도 잘 어울릴 수 있는 완벽한 스타일을 만들어냈다.

Jennifer Aniston

영화배우 왕과 나(King and I)의 주인공인 율브리너(Yul Brynrler)의 삭발한 헤어스타일을 보고 터프하다거나 섹시하다는 표현을 많이해도 멋진 두상(head)이라고 표현하는 사람은 없을 것이다. 그리고 적어도 시니어드 오커너(Sinead O'Conner)의 매혹적인 목소리, 깊은눈매, 매끄럽게 삭발(削髮)한 그녀를 이상하게 보는 사람도 많지는 않을 것이다. 필요에 의해서 삭발(削髮)을 하거나 혹은 군인이 아니라면 두발을 삭발(削髮)하는 것은 어린 소년들이 더운 여름을 나기 위해서 하는 정도가 고작일 것이다. 펑크락(PUnk rock)을 선호하는 음악인들은 긴 두발에서 그들만의 독특한 캐릭터를 가진 삭발(削髮) 스타일로서 다가왔지만 율브리너(Yul Brynner)와 같은 완전 삭발이 아닌 시니어드 오커너(Sinead O'Conner)의 반 삭발 상태의 자연스럽고 시원한 스타일을 선호했다. 하지만 누구나 이 삭발스타일이 다 어울리는 것은 아니었다. 시니어드 오커너(Sinead O'Conner)와 같이 파란눈동자를 가진 감성적인 목소리의 여류 가수였기 때문에 더욱 더 그녀의 반 삭발 헤어스타일이 섹시하게 보였는지도 모른다는 것이다. 삭발을 하기 위해서는 자신의 두발 형태나 두피 색깔 등을고려해야 한다는 것이다. 가령 두피에 혹이 있다거나 흉터나 상처 혹은 뾰족한 두상(head) 형태를 가진 사람이라면 오히려 삭발을 한 이후

율브리너

시니어드 오커너

에 삭발로 인한 스트레스에 시달릴 것이란 것이다. 어쨌든 삭발(head)는 쇼킹하고 센세이션을 일으킬 수 있으며, 아이런(Curling iron), 무스(Mousse), 헤어 스프레이, 헤어핀, 헝클어진 두발, 비듬, 핫 오일 트리트먼트(Hot oil treatments), 등등 여러 가지 두피나 두발에 스트레스를 주는 물리적이고 화학적인 도구에서 자유로와 질 수 있다.

8 1980년대

80년대 말경에 헤비메탈(Heavy metal) 음악이 방솔을 타면서 젊은이들은 그들이 좋아하는 뮤지션들의 새그(Shag) 두발같이 긴 두발을 모방하였다. 일시적으로 반항하는 십대들의 심볼이 되었던 메탈두발은 히피(Hippie) 스타일과 새그(Shag) 스타일과 윗 두발을 위로 뜨게 한 더벅두발 스타일을 섞어 놓은 듯한 스타일이다. 고슬진 두발 혹은 수직모이던 80년대 메탈헤어(Metal hair)는 기타(Guitar) 비트에 맞추어 강하게 앞 뒤로 헤드 뱅(Head bang)을 하기 위해서 앞 두발을 내려서 눈을 약간 덮어주는 형태였다. 모터헤드(Motorhead)나 AC/DC 같이 비트가 강한 헤비메탈 밴드는 머리털이 실타래처럼 헝클어뜨린 자유로운 헤어스타일을 했고 포이즌(Poison)이나 신데렐라(Cinderella) 같은 그룹은 미(美) 소년같이 헤어밴드도 하고 갖가지 소품으로 치장했다. 과격하게 보이게 하기위해서 두발을 위로 티즈(Tease, backcomb, 두발을 거꾸로 빗어 세움)해서 부풀리고 돋보이게 하기위해서 젤(Gel)이나 헤어스프레이(Hairspray)로 스타일을 냈다. 90년대 초기에 가 등장하면서 80년대 락커들의 긴 두발은 한풀 기가 꺽이는 듯 하였으나 긴 두발의 인기가 다시 부활되면서 헤비메탈(Heavymrtal)그룹의 긴 두발 유행 스타일은 계속 유지되었고 락 음악과 메탈(Metal) 헤어스타일의 인기는 점차로 증가하고 있다.

Motorhead

포이즌(Poison)

너바나(Nirvana)

앞 두발을 이마까지 내려오게 하거나 또는 이마가 보이도록 남자처럼 짧게 깎은 두상(head)으로, 흔히 단발 두발이라고 한다. 고대 이집트의 여왕 클레오파트라의 두발 모양으로도 유명하다. 여성들은 60년대의 사순커트(Sassoon cut : 눈썹 밑까지 뱅을 이루며 뒤는 짧게 치켜 깍은 두발 모양. 1963년 영국의 비달사순〈Viddal Sassoon)에 의해 소개된 스타일.)의 커트의 심플하면서도 기하학적이고 자유로움과 경박함 속에서의 미(美)를 동시에 갖춘 이 헤어스타일을 위해 그들의 두발을잘랐다. 20세기의 보브(Bob)스타일은 그 자체로만 보아서는 그 당시에 그렇게 쇼킹할만한 일은 아니었다. 하지만 보브(Bob)의 엄청나게 짧아진 두발 길이에 대해서는 그 당시에 호화롭고 긴 두발을 자랑스럽게 여기던 많은 여성들에게 있어서 크나큰 충격으로 다가갔고 그 결과 여성들의 외출에 있어서 코르셋(Corset)을 꽉 조여서 입던 것을 느슨하게 묶게끔 한다던가 혹은 스커트의 단을 무릎위로 올라오게 하는 변화를 가져왔다. 그 변화의 물결은 보수적이고 도덕주위적인 사회에 대한 일종의 출사표(出師表)를 던진 것이었다.

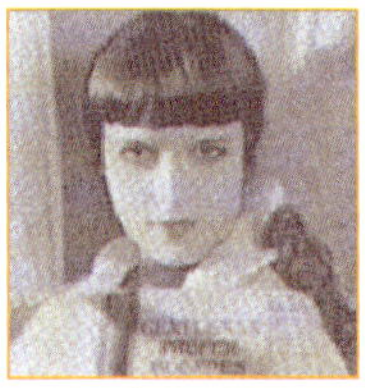
루이즈부룩스
(Louise brooks)

최초의 보브(Bob)커트를 한 여성은 댄서이자 배우였던 아이렌 캐슬(Irene Castle)로서 남성과의 평등과 자유스러운 여성상을 만들기 위해서 그녀의 두발을 커트했고, 루이즈 부룩스(Louise Brooks)는 일자 보브 커트(Blunt Bob Cut) 덕택에 월드 무비 여배우로 서게 되었다. 보브(Bob)는 마셀두발(Marcel : 자연스럽게 물결처럼 넘어가는 '두발같은 웨이브와 또는 턱까지 내려오는 짧은 두발 길이의 소년 같은 용모를 띄게 하는 스타일이다. 30년대는 고슬(Curl) 스타일과 세팅(Setting)으로 인해 잠시 사라지는 듯 하였으나 40년대에 들어와서 정교한 고슬(Curl)과 핀을 꽂은 어깨선 정도까지 내려오는 보브(Bob)로 선을 보였다가 50년대에 들어와서 다시 짧아지는 스타일로 돌아 왔으나 이탈리안 커트(Italian cut)같이 아주 짧은 단발로 우회했다. 60년대에는 자유분방하면서도 공간 기하학적인 스타일로 업데이트 되었다.

헤어디자이너 비달사순(Vidal-Sassoon)은 보브(Bob) 스타일을 아주 정밀한 과학적 이론으로 체계화 했고 두발을 기하학적인 예술작품으로 승화(昇華) 시켰다. 비달(Vidal)은 비하이브(Beehive)나 올린 두발과 같이 획일화된 틀에서 조각하듯 만들어 지는 헤어스타일 보다는 전체적인 형태 디자인을 더 중요시 했고 대리석에 조각하듯 두발에 커트가위와 레이져(Razor)로 디자인했다. 여기에 아시아인의 검은 직모는 선명하고 뚜렷하고 윤기 있어 보여서 비달(Vidal)의 기하학적인 헤어스타일을 소화해 내는데 있어서 완벽한 역할 수행을 다 할수 있었다. 미국에서 중국인 무비 스타인 낸시 콴(Nancy Kwan)은 비달(Vidal)의 대표적인 모델이었으며 그로 인해 그녀를 더욱 더 유명하게 만든 계기가 되었다. 뱅(Bang)은 이마를 가로질러서 일자로 커트한 거나 또는 한쪽 눈 위를 덮어서 깔끔하게 각 처리를 해준다. 뾰족한 끝 처리는 두발에서 형태를 잡아주고 비대칭한 라인은 이동하고 회전시킨다. 그러나 뒤 두발 처리는 쉽게 떨어지기 때문에 독특하고 초현대적인 느낌을 만들 수 있다. 비대칭 커트는 두발의 한쪽이 짧고 상대적으로 다른쪽 측면은 상당히 긴 스타일을 하고 있기 때문에 독특하고 기발한 디자인이였고 기존의 보브(Bob)스타일과는 많은 다른 관점을 보여주었고 펑크(Punk)의 영향으로 염색제를 이용한 다채로운 컬러링 연출이 시도됨으로서 보브(Bob)스타일은 미(美)와 자기 연출의 한계를 넘어서 예술작품으로까지 승화(昇華) 되었다.

낸시 콴
(Nancy Kwan)

헤어컷의 한국 역사

1 컷(cut)의 고전의식

'*身體髮膚 受之父母*(신체발부 수지부모)' 라 하여 한국 민족은 옛날부터 두발을 부모로부터 이어받은 신체의 일부로 소중히 여겨왔으며, 또한 두발을 존엄과 긍지의 상징으로 삼아왔다. 그래서 성인이 되면 남녀가 모두 두발을 올려 상투를 틀거나 쪽을 찌는 관습이 있었고, 친상을 당하면 두발을 풀어 근신의 뜻을 표하였다. 백정이 두발을 깎는 것은 계급적인 존엄이 없음을 말하는 것이고, 승려가 두발을 깎는 것은 세속(世俗)의 긍지를 스스로 버리고 일체를 부처에게 맡긴다는 겸허에서 나온 것이다. 이와 같이, 두발이 지닌 인습적인 측면은 한국뿐만 아니라 세계 어느 곳에서도 많이 볼 수 있다.

예를 들면, 동양에서는 전쟁에 패배한 장군이 두발을 풀어 항복한 장군임을 스스로 표명했는가 하면, 동서양을 막론하고 부인들은 덧 두발을 하여 미용과 위세를 과시하기도 하였다. 그리고 머리카락을 태우는 일은 극히 금기로 하였는데, 그것은 생명력에 대한 모독으로 보았기 때문이다. 또한 두발은 신체의 일부이며, 두발과 신체와의 사이에는 무언가 관계가 있다고 믿는 신앙은 많은 민족에게서 볼 수 있다. 즉, 감염주술(感染呪術)의 원리에 따라, 잘라낸 두발에 해를 주면 그 재앙이 그 소유자의 심신에 미친다는 것이다. 그 때문에 두발이 적의 수중에 들어가는 것을 경계하는 풍습은 널리 퍼져 있다.

2 상고시대

우리 나라의 두발정리의 풍속은 문헌에 의하면 단군 원년에 편발(編髮: 땋은두발)을 하였다고 한다. B.C 2238년경 단군 부루는 머리카락을 땋아서 목을 덮도록 했고 청동기 시대의 뼈 비녀가 출토되었고 B.C 3000년경에 남자들은 녹경의 발달로 상투를 틀어 올렸음을 알 수 있다. 진한과 변환에서는 편두(어린아이가 태어나면 돌로 두상(head)을 눌러서 두상(head)을 변형시키는것)의 풍습이 있었고 삼한의 여자들은 달비를 얹고 남은 두발을 늘어뜨렸다.

상투의 역사는 대전 출토 농경문청동기에서의 그림을 보면 성인남자는 상투를 하고 미혼인 남자는 피발(被髮: 풀어헤친 머리카락 모습)의 모습으로 대략 2~3세기에 역사적 고증을 통한 상투의 역사가 시작되었음을 알 수 있다. 아이는 태어난지 3개월이 지나면 남녀를 구분하여 남자의 두발 모양인 각(角)과 여자의 두발 모습인 기로 나누어 쌍상투를 했고 남녀의 예를 갖추기 위해서 두발을 감추는 권책과 넓은 수건인 두건을 썼다. 성인들은 머리카락을 길러 단발(單發 : 하나로 묶는)

을 했고 동자들은 두발을 양쪽으로 갈라 뿔 모양(총)으로 동여맨 단발을 했다. '채협총' 에서의 채화칠협의 인물상을 보면 잘 정돈된 머리카락과 두발을 넓게 보이기 위해서 머리털을 뽑은 흔적이 보인다.

3 삼국시대와 통일신라시대

고구려 벽화에 나타나는 여인들의 두발형은 다양하고 백제의 여성은 혼인을 전후로 두발의 형태가 달랐으며 신라의 여인들은 가발을 사용해 장발(長髮)의 처리 기술이 뛰어났다.

(1) 고구려(B.C37~A.D 668)

고구려인 들은 깨끗한 것을 좋아하고 용모가 단정한 것을 숭상하였으며 상투를 틀었을 것으로 여겨진다. 〈당서〉에 보면 여자들이 건괵(가발)을 사용하였음을 알 수 있으며 벽화에서 고구려의 부인들이 가발을 이용하여 크게 얹은 가체로 자신의 지위를 상징하고 있음을 알 수 있다.

1. 얹은형 - 두발을 뒷머리결로부터 앞머리결로 감아 돌리어 끝을 앞머리결 가운데에 감아 꽂은 것으로 무용총 주실 우벽에 밥상을 받든 여인도 에서 볼 수 있다.
2. 쪽진형 - 두발을 뒤통수(nape point)에 낮게 트인 양식으로 각저총 주실 편벽 둘째번의 여인도 등에서 볼 수 있다.
3. 푼기명형 - 두발을 삼분하여 한 다발의 머리채는 뒤로하고 두 다발의 머리채는 좌우의 볼 쪽에 늘어뜨린 계양으로 삼실총 제1실 난벽 왼쪽 여인도 등에서 볼 수 있다.
4. 묶은중발형 - 짧은 두발을 뒷 머리(head)에 낮게 묶은 계양으로써 무영총 주실 우벽의 밥상을 받든 소녀도 에서도 볼 수 있다.
5. 쌍상투형 - 머리(head) 좌우의 정변 가까이에 두 개의 계두를 솟게 한 것으로 중화군 제4호분, 제1호분 서벽의 소녀도 등에서 볼 수 있다.

(2) 백제(B.C. 18 ~ A.D. 663)

중국의 사서에서 보면 우선 불사열전(不史列傳)에는 '머리카락을 땋아서 뒤로 늘이고 혼례를 하면 두가닥으로 나눠 두상(head) 뒤에 길고 잘 휘는 물건을 헝클어지지 않도록 빙빙 둘러서 포개어 감아 두었다' 라고 써 있고 수서(隨書)에서는 '두발다발을 두 갈래로 나누어 서린다' 라는 기록과 주서(周書)에는 '

미혼녀들은 두발다발을 땋아서 두상(head) 위에 둥그렇게 얹고 다닌다' 라는 기록이 있다.

부여의 성양리에서는 은비녀가 출토되었고 무녕왕릉 에서는 왕의 화려한 두상(head) 뒤꽂이가 발굴되었다.

(3) 신라(B.C. 57 ~ A.D. 668)와 통일신라(A.D. 663)

삼국사기 기록에 의하면 신라 성덕왕때 당나라 사신을 보내는 편에 다래를 예물로 가져 가게 했다는 것과 성덕왕 22년 초에는 미체라는 것이 나오고 경문왕 9년 초에는 4척5촌 두발 또는 3척5촌 두발이라는 다래(체)가 신라의 명물로써 외국에 수출한 것을 알 수 있다. 남자도 가발을 잘 사용한 것으로 드러났는데 당서(唐書) 동의전 신라조에 '신라의 남자는 두발을 깍아 팔고 흑건(黑巾)을 썼다' 함이 이를 증명한다.

이는 상투를 당시 가난한자는 부득이 두발을 깍아 팔고 다시 머리카락이 자라 상투를 틀게 될 때까지 맨두발을 가리기 위해 흑건을 쓰고 있다는 사실을 표현한 것이라 할 수 있다. 중국의 사서인 〈수서〉에는 '부인이 두발을 땋아 머리(head)에 두르고 여러 가지 비단과 구슬로 장식했다' 고 기록되어 신라 시대에는 얹은 두발다발이 유행했던 것으로 짐작된다. 또한 앞가르마를 똑바로 타고 뒤에서 틀어 쪽을 틀었다. (북계) 신라 시대의 남자들은 페르시아의 영향을 받아 정수리가 뾰족하게 솟도록 상투를 틀고 전발(단발)을 하기도 했다. 통일신라 시대의 여성들은 당(唐)의 영향을 받아 의복과 두발 형태도 더욱 화려해지고 높아졌다.

(4) 발해(A.D.698-962)

두발 형태는 "모두 편발(編髮)의 풍속을 가졌다." 고 기록되어 있다.

1980년에 발견된 정효공주묘(貞孝公主墓;756-792)의 벽화는 최초로 발해인의 형상을 보여준 것이다. 벽화의 12명은 남장을 한 여자들로 두발을 높이 땋아서 이마에 묶었으며, 입이 붉고 의복이 화려하고 그 태도가 대단히 우아하다. 이것은 당의 유행이 발해에까지 영향을 끼쳤다고 볼 수 있다. 화룡현 북대촌에서 은비녀가, 황룡현 룡수향에서 구리비녀가 출토되었고, 화룡현 팔가자 하남툰에서 금채(金釵)가 출토되어 두발을 땋아서 얹은 두발과 쪽진 두발을 하였음을 알 수 있다

4 고려시대(A.D 918~?)

고려시대의 두발 모양은 통일 신라시대의 쪽진 두발과 비슷하나 쪽을 두발 위에 붙인 것이 아니라 두발다발을 중간에 틀어 심홍색의 갑사로 만든 댕기로 묶은 것

이 다르다. 또한 비녀를 꽂으나 오른쪽 어깨 위에 닿을 정도로 늘어지게 쪽을 찌르고 나머지 두발다발 즉 두발 꼬리는 아래로 늘어뜨리는 식의 두발 형태이며 부녀의 계양은 귀천 없이 동일했었다고 볼 수 있다.

서긍이 지은 〈고려도경〉에 따르면 일반 서민 남자의 수발 형태는 '마흔인 경우 노끈으로 두발을 묶고 그 나머지는 아래로 늘어뜨렸으며 장가를 들지 않은 자는 건(巾)으로 두발을 싸고 내려뜨리다가 장가든 뒤에 속발(束髮) 즉, 상투를 튼다' 고 전해진다. 고려시대 기혼 여성들의 수발 모습은 상대(上代)의 얹은두발과 비슷한 형태이다. 귀 밑 두발을 실타래처럼 틀어 오른쪽 어깨에 드리움으로써 새로운 스타일을 시작했던 것 같다. 고려도경 〈귀녀도〉에는 '아직 시집가지 않은 경우 열살 남짓한 여자였는데도 피발은 하지 않았다' 는 기록이 보이는바 일부 귀족층에서는 어린아이의 두발을 틀어 올려 어른스럽게 보이게 하는 경우도 있었던 것으로 보인다.

그러나 이것은 극히 드문 경우이고 일반적으로 두발을 붉은 비단으로 묶어준 후 그 나머지를 아래로 늘어뜨리는 것이 상례였다. 원의 침입으로 남성들은 두발 중간의 두발을 남긴 개체 변발을 하기도 하였고 1389년 이후에는 다시 고유한 상투와 얹은두발로 되돌아갔다.

5 조선시대(1392~1876)

조선 초의 대표적인 머리형태는 얹은형, 즉 속명〈트레머리〉라고 하여 쪽 두발과 함께 조선시대 대표적인 수발 형태이었을 뿐만 아니라 우리 나라의 상고 시대부터 전개되어온 전통적인 두발 형태였다. 얹은두발은 빗어 넘긴 머리결을 뒤에서 두 가닥 내고 왼쪽 가닥은 우측으로 우측은 좌측으로 교차시켜 그 끝을 앞두발로 고정시킨 것으로 보통 그 위에 흑색을 가르마에 얹기도 하였다.

또한 조선시대 의 기녀의 두발모양도 예외는 아니었다. 풍속화인 김홍도의 〈평안감사환영도〉를 보면 관기(官妓)의 얹은형과 동기(童妓)의 사양형은 대조되고 있다. 동기의 두발 모양은 쪽은 두 개이지만 비녀는 하나로 쪽을 고정시키고 있다. 이러한 사양두발은 새앙두발형이라고도 하며 두발을 좌우 귀밑에서 두 갈래로 땋은 두발다발인데 궁중(宮中)에서는 이것을 다시 틀어 올려 아래위로 두 덩어리가 되게 잡아매었으며 민간에서는 비녀를 꽂아서 새앙 낭자라고 했다.

또한 〈정조실록〉을 보면 각 궁방의 수사리(水賜里) 의녀(醫女) 침선비(針線婢)등과 각 고을의 기녀들은 본 발로 두발을 얹은 뒤에 가르마를 써서 등의를 구별하도록 했다.

(1) 얹은두발

가. 큰 두발가체 – 궁중에서 왕비의 의식용으로 대례복과 병용하던 가체 두발이다. 앞에서 보면 머리(head) 정상은 고계를 만들고 그 밑으로는 좌우 어깨까지 내려오면서 펼쳐진다. 뒷 부분도 앞과 같으나 중간에 종적으로 두발을 땋고 그 위에 댕기를 묶고 있다.

나. 트레두발형– 트레두발형은 큰 머리 모양을 축소시킨 두발로 서북지방에서 흔히 볼 수 있는데, 상류사회에서는 좋은 다래를 사용하여 보기 좋게 얹고 끝에는 빨간 댕기를 매었으며, 천인들을 풀두발로 초라하게 얹었다. 코두발다발과 비슷한 모양이나 두 갈래로 땋아 두상(head) 둘레를 한바퀴 돌려 정수리에 고정시키는 것으로 코두발형보다 머리카락의 길이가 길어야 예쁘게 얹어졌으리라고 추측된다.

다. 떠구지형 – 세조 원년 명의 사신이 가지고온 면복계양에서는 두발을 가르마해서 좌우 두 갈래로 나누어 묶어 역삼각형 모양으로 두상(head) 위에 얹는다고 했다. 조선왕조 중기 이전에는 왕비와 세자빈 이외는 나무로 된 떠구지를 사용했다. 정조3년에 나무로 만든 떠구지가 생겼으며 어여두발형 위에 이 떠구지를 얹어 놓았으며 내명부들이 늘 착용하던 의식용 두발 양식이다.

라. 어여두발형〈어유미(於由味)〉 – 예장 할 때 머리(head)에 어염 족두리를 쓰고 그 위에 다래로 된 큰 가체를 얹어 옥판과 화장으로 장식 하였다. 또야 두발형이라고도 하였으며 예장용으로 궁중에서나 반가의 부녀자들이 하였고 상궁은 지밀 상궁만이 하였다. 영조대에는 주로 외명부의 의식용으로 쓰였는데 후기에는 일반인도 잔치와 혼례 때에 사용하였다.

마. 코두발형 – 부녀자들이 자기 본래의 두발을 한 갈래 또는 두 갈래로 땋아 두발 끝에 빨간 댕기를 돌리고 머리(head) 둘레를 감아 올려 끝이 옆으로 되게 하여 고정시킨 두발 형태이다.

(2) 쪽진 두발형

가. 쪽두발형 – 가체를 금한 후에 가장 대표적인 두발 양식이다. 개성과 유행에 따라 쪽의 위치를 뭇선을 중심으로 해서 올리거나 내려주었다. 쪽두발형의 확립은 1800년대 이후이며 실학 사상이 백성들의 사고를 보다 합리적이고 실

용적으로 변화 시켰기 때문이다.

나. 첩지 두발형 – 예장용 머리 형태로 왕비는 도금으로 만든 봉을, 내명부와 외명부는 도금이나 은 또는 흑각으로 개구리를 만들어 긴 머리털로 연결시켜 앞가르마 정 가운데에 봉과 개구리 모양이 오도록 쪽을 진 두발과 뒤에서 묶어 놓은 것이다.

다. 새앙 두발형 – 다리 한 쌍을 각각 땋아 가지런하게 묶고 중간을 매개 댕기로 맨 후, 본래의 두발과 같이 매어 계급을 표시하는 댕기로 맸다. 궁중 아기나인의 두발 형태로 양반 가에서는 정초나 동지에 규수들이 입궐 시에 새앙두발에 떨잠을 꽂기도 했다.

(3) 땋은 두발형

가. 귀밑 두발형 – 미혼녀의 두발을 길게 땋아 내린 두발 형태로 양쪽 귀 위의 두발을 땋아서 뒤에서 모아 다른 두발들과 함께 다시 땋아서 늘이고 끝에 댕기를 묶었는데 가채를 사용하기도 했다.

나. 조짐 두발형 – 여자의 머리털을 소라딱지 비슷하게 틀어 만든 두발을 말하며 왕가에서 의식이나 경사 시 예복에 맞추어 가체를 선정하였다. 여기에 비녀와 떨잠을 사용하여 땋은 두발을 월(月)자 모양으로 쪽을지어 비녀를 꽂았다.

다. 댕기 두발형 – 두발을 땋은 후 끝에다 댕기를 목 뒤쪽 위로부터 밑으로 매달아 놓은 것이다.

라. 종종 두발형 – 바둑 머리(head)가 조금 지난 뒤 한쪽에 세 층씩 석 줄로 땋아서 그 끝에 댕기를 드린 두발로서 주로 나이 어린 소녀들의 두발 형태였으며 앞가르마를 똑바로 타고 양쪽으로 좁게 땋은 다음 귀밑에서 나머지 두발과 다시 합하여 땋은 후 양쪽에서 땋아온 두발을 뒤에서 다시 합하여 매고 어린이용 도투랑 댕기 또는 말뚝대기로 장식하였다.

6 개화기 이후 헤어스타일

(1) 1990~1940년대

열 서너 살된 학생들은 귀밑두발을 길게 땋아 내리고 끝에는 자주 제비 부비 혹은, 토막 댕기를 들여 뒤에다 길게 늘어뜨릴수록 뒷 태가 아름다운 것으로 여겨졌다. 따라서 될 수 있는 대로 길게 보이도록 하는 것이 이때의 유행이었다. 좀 큰 학생들은 멋을 부린다고 긴 두발을 땋아 두 번 세 번 구부려 그 위에

다 나비가 앉은 것처럼 커다란 리본을 매는 것이었지만 보통은 분홍, 옥색, 초록 등 고운 빛깔의 리본을 맸는데, 다시 사람들은 이 두발을 가리켜 다리 자루라 하였다. 그리고 대학생들은 두발을 틀어 얹었다.

챙머리(펌트 도어, 하사사카미)

1925년대에는 귀밑두발을 치켜올려 빗은 후 챙두발형(팜프도어, 하사시까미 :귀밑두발을 풀어서 두발을 치켜 올려 빗어서 틀어 얹은 형태)를 했는데, 이것은 동경에서 유행하던 스타일로서 이화 학생들간에 잠시 유행했었고 두발 꼭대기에 큰 리본을 매는 사람도 있었다. 이 챙 두발은 얼마 안되어 없어지고 트레두발형이 생겨났다. 이것은 옆 가르마를 타서 갈라 빗어 머리(head) 뒤에다 넓적하게 틀어 붙이는 식으로 넓적하고 클수록 보기 좋다고 해서 속에 머리 심(게바다)을 넣고 겉에만 두발을 입혀 크게 틀었다.

개화기의 트래머리

1924년 개화학당 대학과 제1회 졸업생들의 모습에서도 트레두발형을 한 것을 볼 수 있는데, 상급반이 되면 트레두발을 빗느라고 1시간씩 허비했다고 한다. 트레두발은 1910년대까지 여학생사이에서 인기 있는 헤어스타일이었는데, 점차 다래 분량이 조금씩 줄어들게 되어 가운데 가르마에 댕기를 드리우는 서민 헤어스타일로 복귀하였다. 또 다른 두발 모양으로 둘레 두발이라는 것이 있었는데, 이것은 두발을 뒤에서 한 가닥으로 굵게 따서 둘레에 터번 모양으로 둘레 머리(head) 위에 틀어 얹고 핀을 꽂은 두발로서, 조선시대 어여두발형 위에 틀어 얹고 핀을 꽂은 두발로서, 조선시대 어여두발형이 유사하나 이것을 하는 사람은 극히 적었다. 여학생들의 두발을 보면 어린 학생들은 여전히 뒤로 땋은 두발이였으나 큰 학생들은 까미 두발을 많이 하였다.

1926년경에는 두발을 땋아 내리는 학생들에게 '첩지두발' 이라는 것이 유행하였다. 그것은 앞가르마를 똑바르게 타고, 양쪽 귀밑두 발을 땋을 때 이것을 세 가닥으로 갈라 앞의 두 가닥을 엮은 그 위로 남은 한 가닥을 곱게 빗어 씌운 것처럼 하는 것이었다. 이렇게 첩지 두발형을 빗은 연후에는 또 앞 두발을 빗으로 긁었다 놓아서 머리카락이 약간 어수선하게 늘어지게 하는 것을 멋이라 생각하였다. 앞 두발을 약간 내리는 애교 머리카락의 유행은 1929년 신문의 풍자화에도 보인다. 까미 두발형에 앞 두발형을 약간 내리고 짧은 통치마에 개량 적삼을 입은 신여성의 사치를 풍자하고 있다. 1920년경에 트레두발형이 '예배당 쪽' 혹은 '전도 부인 쪽' 이라고 하여 유행할 당시, 평안도 안주의 여염집 부인들간에 이 '예배당 쪽' 이 크게 유행하자 양반들은 이쪽을 진 부인들은 동네 샘터 같은 공동 시설을 사용하지 못하게 하였다. 단발두발은 무엇보다도 획기적인 것으로서 1920년대 일부에서 유행했던 단발형의 헤어스타일이 점차 늘어나 단발미인, 모던걸이라는 신 용어가 나올 만큼 단발이 오래 지속되었다.

1926년의 무용가 최승희의 단발 모습은 최첨단의 헤어스타일을 보여주고 있다. 1930년대에서 1940년대 사이에 미국 해군 복장에서 유행된 세라복이 신여성의 교복 및 의상으로 바꾸어지면서 두발을 짧게 자르는 풍조가 시작되었고, 이 시대에 두발을 짧게 잘라 꾸민 여성을 단발 미인이라 했다. 1930년경부터는 챙두발형(펌프도어 : 하사시까미)은 완전히 사라지고 두발을 길게 땋아 댕기를 드리는 스타일이 대부분 이였다. 그 후부터는 어린 학생들은 두발을 땋거나 묶고 여대생들은 두발을 트는 사람이 많았다. 이때 머리(head) 정수리 부분에 ' 게바다 ' 라고 하는 심을 넣어 될 수 있는대로 머리(head) 꼭대기가 우뚝하게 보이는 동시에 둥글게 보이게 하여 뒤통수가 나오고, 그 밑에다 두발을 크지 않게 해서 붙인 것이었다. 혹 핀컬을 하는 학생들이 있었으나 흔하지 않았고, 자주 감아서 부시시한 두발들이 특징이었다.

1920년부터 시작되었던 단발은 계속되어 1934년경에는 드디어 이화에 단발바람이 불기 시작했다. 선생님들이 새로 변화를 달가와 하지 않는데도 학생들은 하나둘씩 두발을 자르기 시작했다. 이러한 여학생들간의 단발 유행은 일반 여성들에게도 전파되었다.

1930년대에 들어서는 같은 단발이라 할지라도 웨이브 있는 단발이 유행하였다. 해방이 되자 일제 말에 금지되었던 퍼머스타일이 다시 등장했다. 앞 두발을 세운 단발 두발로서 광복이후 젊은 여성들은 대개 어깨에 못 미치는 길이의 단발에 펌(perm)을 하였고 앞가르마를 하는 경우가 많았다. 이때의 두발 모양은 대개 머리(head)의 아랫부분에만 웨이브가 있는 것이 유행이었다. 전기 퍼머, 콜드웨이브 퍼머 등 다양한 퍼머 기법이 소개되었다.

가. 염주 미용실과 퍼머의 기초

한번 퍼머를 하는데 드는 돈이 쌀 두 세 가마에 상당하는 20원 이었던 시절이 있었다. 퍼머는 1920년대에 화장품을 팔던 백인계 러시아인이 퍼머 기구를 들여와 서울 정동에 있던 자신의 집에서 히트 퍼머를 시작한 것이 시초였다.

그러나 첨단의 호기심을 충족시키려는 극소수의 특권층 여성들만이 이것을 이용했음은 비싼 퍼머 가격으로도 쉽게 짐작할 수 있다. 일반 서민으로서는 상상 밖의 일이었던 퍼머는 그후 1937년 오엽주 여사가 일본에서 기구를 들여오면서 일반화되었다. 오엽주 미용실에서도 초기에는 퍼머 기구가 없었다. 35년 화신 빌딩에 불이나 종로 2가의 엘리베이터가 있는 최신식 영보빌딩 4층으로 자리를 옮기면서 서서히 보급되기 시작했다. 당시 퍼머는 '숙발' 이라고 불렀다. 한 개 40W의 전기 롤 24개를 머리에 말아 20~30분간 암모니아수 퍼머액을 스며들게 했다가 푸는 것이었다. 해방 이후에는 퍼머가 도시 여성들에게 거의 일반화되었지만 임형선 여사(전 예림 미용 고등기술학교교장) 의 회고에 의하면 30년대 후반 당시에는 부인네들이 미용실에 와서 처음 퍼머를 하면 훤한 대낮에는 좀처럼 바깥에 나갈 생각을 못하고 어두워지기를 기다려 인력거를 타고 돌아가곤 했다.

또 퍼머를 하기는 했지만 너무 창피해 머리(head)에 수건을 두르기도 하고 남편에게 호된 꾸지람을 듣고 두발을 풀기 위해 다시 미용실로 돌아오는 사람도 많았다. 그래서 당시의 퍼머는 겉에서는 보이지 않게 속 두발에 퍼머를 해서 뒷두발을 부풀게 하는 방식으로 유행하기도 했다. 사실 퍼머를 들여왔으나 보수적인 한국 여인들에게 이를 보급시키기는 여간 힘든 일이 아니었다. 임형선 여사에 의하면 당시 '퍼머홍보'를 위한 엽주 미용실의 노력은 대단했다.

먼저 전 직원이 퍼머를 한 후 흰색 가운에 화장을 하고 사진관에 가서 홍보용 사진을 찍었다. 그리고 이 전단을 들고 서울 시내 가가호호 방문하여 퍼머는 '세팅을 위한 기초작업' 으로 생머리에 비해 웨이브를 넣거나 틀어 올릴 때 훨씬 편리함을 일일이 설명하고 다녔다는 것이다. 그때의 퍼머 값이 세팅까지 하면 6~8천원 쯤으로 고가인데다 겉 두발을 젖히고 속 두발을 퍼머해서 뒷 두발을 부풀리고 쪽을 짜는 맵시는 평범한 여성이 부릴 수 있는 멋은 아니었을 것이다. 당시 20세도 채 않된 임형선 여사가 미용실에 출근 하기 위해 퍼머 두발형에 화장을 하고 집을 나서면 동네 주민들이 모두 나와 신기한 듯 쳐다봐, 동물원의 원숭이가 되는 때가 다반사였다는 일화도 지금은 생경하기만 하다.

나. 단발령과 이발소의 시초

"짐이 신민을 솔선하여 상투를 자르거나 너희들 국민은 짐이 뜻을 극체하고 만국과 병립하는 대업을 성취케 하라" 1895년 11월 15일 고종이 대신부서로 내린 조칙은 가히 청천의 병력과 같았다. 신체발부는 수지 부모라

무단히 훼손함을 불효의 제일로 여겼던 당시 사람들에게 단발령은 생사의 극단적 선택까지도 불러왔을 만큼 '날벼락' 이었다. 경무사 허지는 순검을 몰고 다니며 눈에 띄는 대로 상투란 상투는 모조리 썩은 풀 베듯이 잘라 버렸다.

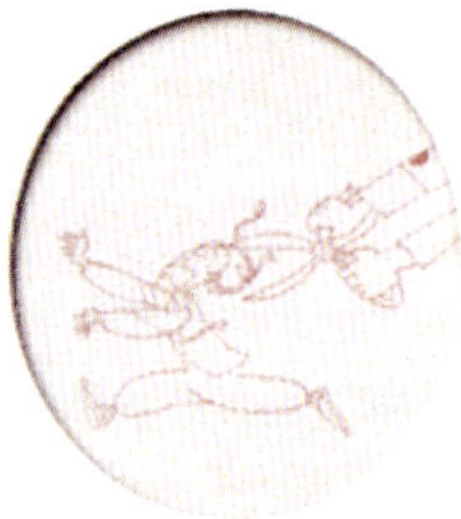

그리고 그는 또 집집마다 방문하여 부엌이나 변소에 숨어있는 사람들의 상투를 자르기도 했다. 여자용 가마 속에 숨어 앉아서 몰래 문밖으로 망명하는 이, 떨어진 상투를 붙들고 대성 통곡하는 이가 수도 없이 많았다. 상투를 틀고 있으면 수구파 친러파가 아니면 유학자였고 하이칼 두상(head)에 도리우치를 얹으면 개화파 친일파나 신학문을 닦는 사람들이었다. 퍼머는 일본을 통해 그 후 바로 우리나라 여성들에게도 보급되어 도시 멋쟁이, 또는 전문 학교 생들간에 유행했었다.

1937년에는 핀컬 퍼머 헤어스타일이 선을 보이기 시작하여 곧 젊은 여성들 사이에서 유행되었다. 광복 이후 일반 여성들의 두발 모양은 일제 말에 금지되었던 퍼머넌트가 다시 등장했다. 자기두발이나 묶은 두발에 익숙해 있던 일반 여성들도 퍼머나 세팅, 또는 아이런으로 익숙해 있던 일반 여성들도 퍼머나 세팅 또는 아이런으로 웨이브를 내어 멋을 부렸다. 유행 선도자인 영화배우, 요정의 여성들 사이에 유행했던 두발형으로 링고 스타일이 있는데 이는 앞두발을 잘라 짧게 해서 위로 향하게 둥글게 말아서 붙인 것으로 위로 올린 웨이브를 두발에 낸 모양이라 이 두상(head) 모양은 한복이나 양장 차림에도 어울려 일제시대부터 광복 후까지 시대를 초월해 계속 애용되었다.

(2) 1950년대(1949~1959)

1950년 한국전쟁으로 유엔군이 우리나라에 주둔하게 되면서 패션의 풍속도가 새롭게 전개되어 양부인들의 롱스커트에 웨이브가 강한 퍼머스타일, 빨간 입술연지, 빨간 메니큐어의 손톱 등 서양식 패션이 일반 여성들 사이에도 퍼져 나갔다. 미국 잡지가 우리 나라에 들어오고 영화가 들어왔기 때문에 두발모양 역시 서양화되었다.

1950년대 후반 우리 나라에 영화관이 여러곳에 신축되었고 여성들은 영화에 의해 외국의 패션을 친근한 것으로 받아들이게 되었다. 우리나라에서는 햅번 스타일과 더불어 스잔 헤어워드, 리타 헤어워드의 웨이브 진 긴 두발 스타일을 많이 모방하였다. 1950년대 가장 유행했던 헤어 스타일은 목단 가루(둥글

게 만든 컬 : Own cull), 우찌마끼(베벨 언더 : Bevel under), 소도마끼(베벨 업 : Bevel up, 우에브 가루(웨이브 컬 : Weve cull)등 이였으며 목단가루는 컬을 말아서 머리(head)에 얹고 망을 씌운 스타일로서 그 당시 여성들의 우아함을 돋보이게 했다. 우찌마끼는 퍼머두발을 아이런으로 안쪽을 향하여 편 스타일이고 소도마끼는 바깥쪽으로 편 스타일이다.

1950년 후기부터 양감을 강조하여 풍성한 스타일이 나오기 시작했다. 얼굴을 둘러싼 앞과 옆으로 최대한의 양감을 가진 머리털 자체를 얼굴의 장식으로 뚜렷이 한 두발모양을 창안하였다. 퍼머두발의 유행은 6.25사변 중에도 계속 되었다. 그러나 새로운 스타일의 유행은 있을 수 없었고 모자도 마찬가지였다. 광복 이후 쓰던 모자가 여배우 등 일부 여성층에 한해 착용되었을 뿐이다.

전쟁이 끝나고 사회가 안정됨에 따라 여성의 의복과 함께 두발 모양도 점차 다양해졌다. 퍼머두발의 유행도 여전하였는데 특히 전기퍼머, 콜드웨이브 퍼머, 등 다양한 퍼머법이 소개되었다. 물론 일부에서는 1952년 중반까지 숯 퍼머를 계속하기도 하였다. 여성들의 두발 모양이 다양화하는 데에는 또한 영화가 중요한 역할을 담당하였다. 특히 50년대 중반에 상영되었던 ' 로마의 휴일' 은 여성들의 의복에서뿐만 아니라 두발 모양에 있어서도 새로운 유행을 일으켰다. 그것은 햅번 스타일로 뒷두발이 짧은 쇼트 스타일이어서 뒷두발 모양으로는 남녀 구별이 안되었고 따라서 '꽁지 빠진 할미새' 라고 비꼬는 말이 나오기도 하였다. 두발 모양은 점점 더 다양화 하였다.

덕 테일(Duck tail)형의 두발도 동양적 실루엣이 감돈다는 이유로 환영받았는데 이것은 옆 두발이 위로 치켜지며 뒤 중앙에서 오리꼬리 모양으로 아물어지는 형태이다.

1955에는 포니 테일(Pony tail) 스타일로의 긴 두발이 젊은 층에 유행했다. 이 말꼬리 모양의 두발은 애띠게 보이는 장점이 있어 환영 받았다.

1956년에는 로맨스 스타일(Romance style)이 인기가 있었는데 S자형의 웨이브를 만들어 귀를 덮고 양감을 주는 스타일이다. 특히 이탈리안 보이 스타일이라고 짧고 발랄한 느낌의 헤어스타일이 유행했다. 1956년에는 스완 스타일(Swan style)이라 하여 두발의 양이 적어지고 굵은 웨이브의 부드럽고 로맨틱한 분위기를 나타내는 두발형이 인기가 있었다.

1950년대 후반에는 미장원이 늘어나고 고데가 일반화하여 퍼머두발, 혹은 생두발에 불로 달군 아이런으로 두발을 펴거나 굵은 웨이브를 주어 손질하였다. 전반적으로 보아 광복 이후에는 젊은 여성들 사이에서 어깨 정도 길이의 긴 두발이 유행하였으나 1950년대 후반으로 올수록 점차 짧은 두발의 여성들이 늘어났다.

(3) 1960년대(1959~1969)

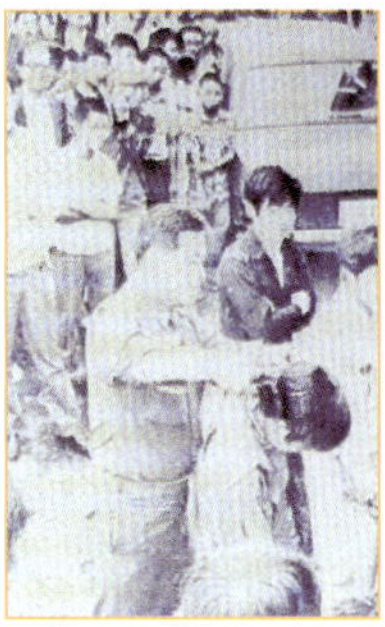

1960년대는 두발 모양의 변화가 가장 많았다.
1961~1962년에는 세슬 커트, 즉 귀양 끝이 뾰족하게 뻗치는 커트에 의해 로케트 라인이 유행했고 1965년경부터는 부분 가발 붐이 조성되어 두발 모양은 의상의 변화와 조화되게 얼굴 모양과 옷차림과 어울리는 스타일을 선택사항으로써 더욱 다양해지고 세련되어 갔다.
1964년 여자 대학가에서 불펴머 두발 모양이 유행했다. 60년대 초 아이런을 금박지를 싸서 머리카락에 힘을 주고 롤을 사용하여 웨이브를 만들었다. 1966년에는 기하학적인 선을 이용하여 동양인의 특징인 커다란 얼굴과 빈약한 뒤통수를 살려 조형미를 나타내는 기하학적 헤어 커팅, 즉 여러 층으로 잘라내는 것이 많았다.
또한, 단발커트 모양이나 보통 바가지 커트라고 부르기도 하는 커트 형이 유행하였는데 우리 나라에서는 1968년 가수 윤복희 씨에 의해 소개 되었고, 이는 직장 여성이나 학구파 신여성에게 간편하고 손질하기 쉬운 커트 모양으로 널리 받아들여졌다. 이러한 커트 모양은 단발로 자르고 클리퍼(Clipper)나 면도기로 정리한 상고 단발인데 뒷부분을 둥글게 단차를 두면 보기 좋았다.

이 당시 대표적인 커트 모양은 크게 두 가지로 나뉘는데, 그중 하나는 중간 기장의 커트에 웨이브를 안으로 만 '우찌마끼' (베벨 언더 : 안 말음)이고 다른 하나는 밖으로 웨이브를 만 '소또마끼' (베벨 업 : 바깥말음)였다. 또한 양장이나 한복을 입고 올림머리를 함으로써 우아하고 고전적인 모습을 보였다. 또한 아이런(숯불인두)을 사용해서 두피를 살림으로서 장식적인 컬을 만들고 액센트나 긴두발 다발(가발)을 장식하는데 이것이 현대 드라이어의 시초가 되었다.

(4) 1970년대(1969~1979)

1970년대는 우리 나라에서는 커트의 개념이 긴 두발(hear)을 그냥 자른다는 개념에서 두발을 각도에 의해 나누어서 기하학적으로 자른다는 개념으로 완전히 바뀐 시대이다. 또한 우리 나라의 미용 전문가들이 해외의 미용 세미나에 참석하기 시작한 시기이기도 하다. 서양에서는 초미니스커트와 함께 비달 사순이라는 미용가가 창작한 기하학적인 헤어스타일이 크게 유행하였다. 그

전까지의 헤어의 흐름은 자연스러움이 아닌 조형적인 아름다움을 표현한 스타일이었는데 각도에 의한 기하학적인 커트는 두발의 자연스러운 흐름을 살린 새로운 경지의 흐름이었다. 그의 이러한 커트 기법은 1970년대에 접어들면서 우리 나라에도 들어왔다. 비달 사순의 천재적인 재능은 지금 기업 명으로 남아 헤어 패션과 미용학교의 대명사로 되어 있다.

1970년대 중반부터는 사순풍을 모방한 여러 헤어 드레서들이 각국에서 실력을 발휘하여 뉴 트랜드(New trand)의 창조에 힘으로 기울이기 시작하였다.

1970년대 전반기는 커트 붐이 절정을 이루던 시기였고 내추럴 경향으로 제각기 진정한 개성화를 추구하는 여성의 시대로 접어들기 시작한 시기였다. 그리고 이때는 국제 여성의 해를 맞이 하여 여성의 활동 범위가 더욱 확대되는 시기이기도 하다. 1970년대 초기에 유행한 커트로는 새그 커트(Shag cut)를 들 수 있는데, 이 커트는 뒷목덜미 부위에 길게 커트 한 것으로 한동안 유행하여 우리 나라에서는 일면 거지 커트라고 불렀다.

이 '새그' 라는 말은 원래 '거칠다' 는 뜻의 말인데 실재로는 말의 뜻과는 달리 이 커트 기법은 아주 섬세하여 어느 쪽에서 머리카락을 들추더라도 직선적이며 두발 끝이 가지런한 것이 특징이다. 여성들의 두발 모양은 얼굴형에 따른 디자인 커트와 그에 따른 퍼머 스타일이 유행하였고 그 퍼머 머리카락에 블로우 드라이어로 부드럽고 유연한 머리결의 스타일을 하였다. 또한 여성들의 사회 진출이 많아지고 활동범위가 넓어져 시간이 절약되는 간편한 스타일을 원하게 되자, 그에 따른 퍼머 스타일이 나오게 되었다. 보디 퍼머라고 부르는 자연스러운 웨이브가 있는 퍼머가 그것인데 머리카락 끝에만 웨이브나 컬을 만들어 언뜻 보기에는 약간 웨이브가 진 반 고슬두발처럼 보인다. 이 퍼머의 특징은 샴푸 후 스스로 손질하여 스타일을 만들 수 있다는 점인데, 이로 인해 젊은 여성들이 많이 하였다.

1970년대 중반부터 1980년대까지 우리나라 젊은 여성들, 특히 활동적인 여성들에게 머쉬 룸(Mushroom), 즉 버섯모양의 헤어가 꾸준히 인기를 얻어 하나의 헤어스타일로 정착되었다. 이 스타일은 두발의 흐름이 중심에서 방사형으로 흘러서 옆이 넓게 되며 두발 끝이 안쪽을 향해서 모아진 실루엣의 스타일로 중세의 승려 커트 스타일에서 발달한 것이다. 이 스타일은 심플한 실루엣으로 기능성을 지니면서도 여자다움을 잃지 않는 디자인성으로 여성들에게 애용되었다.

지금까지의 헤어 스타일은 사순 커트의 기하학적이고 직선적인 가위의 커트로 여성미를 살려 만든 것이었는데, 1970년대 말부터 불균형적으로 정돈되지 않은 듯한 커트모양이 나오기 시작했다. 이 커트 모양은 컬이 움직이는 듯한 스타일로 완전히 ' 형(形) '에서 탈피하여 흐름대로 디자인된 커트 스타일이다.

(5)1980년대(1979~1989)

1980년대 레이져를 병용한 커트인 펑크 헤어, 또는 디스코 헤어 같은 중성적인 헤어스타일이 참신한 멋으로 유행하였고 브룩 실즈의 눈썹과 같은 자연적인, 굵은 눈썹이 유행하기 시작했다. 그리고 유행의 흐름을 보여주는 갖가지 패션 가운데 헤어의 위치가 그 어느 때보다도 중요 시 됨에 따라 헤어 디자이너의 감성과 감각이 여기저기에서 빛나기 시작하였다.

커트와 퍼머의 디자인이 다양해졌고 새 질감 요구에 부응하는 최신 미용기구가 많이 개발되었다. 새롭게 유행하는 헤어스타일은 단정하고 딱딱하게 고정된 두발형에서 두발 결이 자연스럽게 움직이는 듯한 자연스런 퍼머 스타일과 부드러운 질감의 머리에서 신선함을 느끼는 것이 유행하였다.

1984년부터는 가위와 클립퍼(Clipper)의 부조화 커트 디자인이 유행함에 따라 헤어 디자인에 클립퍼(Clipper)가 본격적으로 사용되었다. 뒷목 쪽에는 클립퍼로 긴 솜털이나 머리 결을 거슬러 밀어 올리고 앞쪽에는 자연스러운 퍼머의 웨이브, 즉 물결치듯이 웨이브를 주는 2단층 보브 스타일이었다. 이 커트형의 특징은 뒷목 쪽에 2단으로 커트 한 것과 앞이마에 두발 숱을 솎아내는 틴닝 커트로 가볍게 커트하여 살짝 내려놓아 여성적인 부드러움을 살린 점이다.

종전의 일자 커트의 보브 스타일보다 전체 층이 연결되며 단발의 끝 라인이 턱 끝 위로 올라갔다. 이 스타일은 1983년 파리에서부터 유행하기 시작하여 점점 세계로 퍼졌다. 단발 세미롱 스타일은 짧은 커트의 취향에서 차츰 여성적인 것을 찾기 위하여 세미롱 단발 스타일이 나오고 있다. 이 스타일은 입체감이 없고 평면적인 우리 나라 여성들에게 잘 어울리는 스타일이다. 이 스타일은 네이프 포인트(머리 위 부분)를 무겁게 단발 스타일로 처리하고 골덴 포인트(머리 위 부분)를 커트로 소프트하게 처리하여서 전체적인 헤어스타일을 부드럽게 표현한 것이다.

최근 몇년간 짧은 레이어 커트에 강한 컬의 퍼머가 주류를 이루어 왔는데 작년부터 자연스러운 두발에 대한 향수를 불러일으켜 스트레이트 스타일이 등장하기 시작했다. 유행에 민감한 여성은 단발 직모 헤어스타일을 주로 했다. 중단발 기장의 보브(단발)스타일의 특징은 손질하기 쉽고, 기능적이며 아름답고 풍부한 움직임이 있어서 1980년대의 젊음과 여성적인 침착함을 반영할 수 있고 다양한 변화를 추구하고자 하는 여성의 의식과도 일치하고 있다. 1980년대의 우리나라 미용업계는 미용의 국제화 시대로 접어 들었다.

한편 1980년대 중반에는 퍼머의 디자인이 다양해짐에 따라 웨이브 컬에 실증이 난 젊은 여성층에서 스트레이트 퍼머와 풀어헤친 듯한 웨이브 퍼머가 함께 유행하였다.

1980년대 중반부터 후반에 걸쳐서 헤어 무스와 젤, 스프레이를 사용하여 앞머두발을 세우는 스타일이 유행했다. 1988년 서울에서 올림픽이 개최됨에 따라 미용계는 더욱 구체화하였고 미용 패션에서도 더욱 개성을 추구하여 어떤 한 가지의 유행 스타일에 머무르지 않았다. 치마에서 미니와 샤넬, 미디, 맥시 등의 길고 짧은 여성들 사이에서는 어느 길이든 굵게 퍼머하여 컬이 두드러진 평상 스타일이 유행하였다. 젊은 여성들 사이에서는 머리핀과 리본이 새로운 헤어 패션의 하나로 등장하였다.

1980년대 후반의 1989년부터 톱 부위를 높이 세운 차분한 스트레이트 헤어와 끝 말음이 우아한 세트 감각의 웨이브를 주는 보브 스타일이 서서히 등장하기 시작하였다. 1980년대 후반부터 전체적인 두발의 염색보다는 엑센트를 주거나 컬러의 조화가 돋보이는 대담한 컬러링이 미묘하게 이용되기 시작한 것이다. 컬러링은 헤어 패션에 필수적 아이템이 되어 1990년대에 들어서면서 정착되어 갔다.

(6) 1990년대(1989~1998)

1990년대는 여성들이 각자의 개성을 추구하는 풍조가 정착되는 시대이자 라이프 스타일에 따른 헤어스타일이 정착되는 시기라고 할 수 있다. 우선 1990년대 초에는 1960년대 복고풍으로 돌아가, 크라운 부위에 둥글게 양감을 살리면서 현대 감각에 맞게 재창조한 스트레이트하고 자연스런 움직임이 있는 스타일이 유행하기 시작했다. 1991년도 유행 헤어스타일 경향을 미용회보지에서 소개한 것은 다음과 같다. 1991년도 유행 경향은 1960년도의 유행 경향은 1960년대의 스타일과 비슷하면서도 현대 감각에 맞추어 약간씩 변형된 듯하다.

그때에에는 주로 레저 커트를 하였기 때문에 윗쪽에는 약간의 볼륨이 생기면서 아래쪽은 자연스럽게 좁혀든 것이 특징이었다. 1991년도 헤어커트의 유행은 주로 레이져(Lazor)를 사용하여야 했다. 아니면 먼저 커트 가위로 스타일을 만든 다음 머리카락 끝 쪽에서 3~4Cm 길이로부터 긁어내리듯이 레이저로 체크를 해준다.

이렇게 마무리를 해주면 자연히 위쪽에 볼륨이 생기면서 아래쪽은 좁아들게 된다. 또는 머리카락 전체를 레이져로 긁듯이 체크를 하면 낙차가 심하면서 차분한 머리형태를 이룬다. 여태까지 사용한 숱치는 가위는 머리카락 끝을 사각으로 만들지만 레이저를 사용한 머리카락 끝은 칼집 끝(Tip)같이 납작하면서도 뾰족하게 된다.

특히 최근 유행의 중점은 차분하면서도 반항적이고 좀 건방진 듯한 스타일이다. 또는 여성스러우면서도(Feminine) 남자같이 옆두발을 구레나룻처럼 만들어 길게 부드럽게 늘어뜨리고 옆모습은 콘 케이브 형태로 구부러진 옆얼굴

쪽에 강한 선이 이채롭게 보이는 디자인과 얼핏 보아서는 종전의 스타일과 비슷하지만 레이져를 사용했기 때문에 두발 끝선과 전체의 분위기는 전혀 다른 디자인이다. 퍼머스타일이 여전히 유행하였지만 한 가지의 로드에 의해서가 아니라 여러 가지로 개발된 로드에 의해 자연스러우면서도 새로운 웨이브의 흐름으로 가고 있었고, 아이론이나 세팅은 외면하였다. 그러나 1990년대 중반부터는 복고풍의 바람으로 세팅과 아이런이 재등장하여 두발 끝을 바깥말음이나 안말음으로 볼륨있는 여성다움의 두발모양을 하기 시작하였다. 그러나 어떤 고정된 하나의 형에 머물지 않았다.

치마에서 길이가 짧은 미니와 길이가 긴 스커트가 어우러져 유행하고 있듯이 두발형 역시 길이나 양감에 관계없이 취향에 따라 선택되고 있다. 또 한편에서는 복고풍과 무관하게 가위를 사용한 디자인 커트로 전체의 스타일을 만든 다음, 두발끝 부분은 레이져로 긁어내리듯 뾰족하게 하여 자유 분방하고 불규칙한 느낌을 주는 개성추구형 헤어스타일이 유행하고 있다.

곧 가볍게 보이는 스타일로 어떤 고정관념을 주기보다는 많은 변화를 줄 수 있는 다양한 연출이 가능한 두발형이다. 이를테면 바쁜 일상 생활에서 블로우드라이어나 세팅을 하지 않고 굵고 완만한 웨이브의 퍼머를 한 다음 머리카락에 무스나 젤을 발라서 몇 가닥씩 나누어 손가락으로 웨이브나 컬을 그대로 살리는 것이다. 특히 윤이 있고 자유 분방한 두발, 부드러움과 볼륨이 있는 형태이다.

1994년에 이으러 젊은 여성들은 더욱 자극적으로 밴드와 핀을 사용하여 두발에 액센트를 주고 있다. 헤어스타일의 실루엣은 짧은 두발이든 긴 두발이든 두발의 길이와 조화되어, 여러 가지 형태를 얼굴형에 맞추어 참조하게 되어 어느때 보다도 미용사의 전문성이 요구되고 있다. 헤어 컬러링은 1990년대에 들어와서 더욱 당야해지고 헤어 패션의 하나로 자리잡고 있다.

두발 전체를 염색하기도 하지만 새로운 염색의 테크닉으로 머리카락을 블리치(Bleach)해서 각자의 취향에 맞는 색깔로 염색한다. 컬러의 시대에 맞는 색깔로 염색한다. 컬러의 시대에 맞게 여러 가지의 색깔을 두발부분에 넣어서 느낌이 생생하도록 헤어 전체의 컬러가 주는 입체감을 즐기는 여성들이 많아지고 있다.

7 한국 고전헤어 스타일

(1) 남자헤어

한국 고유의 두발모양에서 미혼의 남자일 때는 묶은 두발·땋은 두발·쌍상투였고, 기혼일 때는 상투를 틀었다.

① 묶은 두발형 : 뒤에 늘어진 자연발(自然髮)을 흩어지지 않게 두발 뒤에서 끈이나 헝겊으로 묶어 늘인 두발 모양으로 속발(束髮)이라고도 하며, 이것은 미혼녀의 두발 모양에서도 볼 수 있었다.

② 땋은 두발형 : 두발을 뒤에서 3갈래로 갈라서 서로 엇걸어 땋아 1가닥으로 하여 뒤에 댕기를 드려 늘인 두발 모양으로 변발(폴髮)이라고도 하며, 이것도 미혼녀의 두발 모양에서 흔히 볼 수 있었다.

③ 상투형 : 두발을 끌어 올려서 정수리 위에 틀어 감아 맨 두발 모양으로 추계(孫髻)라고도 한다. 고구려 고분 벽화에도 많이 보이고, 경주 금령총(金鈴塚)에서 출토된 도제(陶製) 기마인물에서도 이를 볼 수 있다.

이 상투를 옛 《사기(史記)》 〈조선열전(朝鮮列傳)〉에서는 추계(孫結), 《한서(漢書)》 〈조선전(朝鮮傳)〉에서는 추계(椎結)로 표현하고 있는데, 당시 동아시아의 흉노족(匈奴族)이나 숙신족(肅愼族)은 다 변발이었고, 동호족(東胡族)은 곤두(멋頭:削髮)였으며, 묘족(苗族:越南族)과 우리 민족만이 추결을 하고 있었다. 상투는 트는 방법이나 머리(head) 위에 동곳(상투에 꽂는 것)을 삽입하는 것 등에 다소의 변천이 있기는 하였으나 계속 전승되어 왔다.

④ 쌍 상투형 : 두발을 갈라 2개로 틀어 올린 상투로서 쌍계(雙명)라고도 한다. 고구려 고분 벽화에도 보이는데, 이것은 미혼 남자의 두발 모양이었다. 중국의 옛 글인 《시제풍(詩齊風)》에도 "총각관혜"라는 어구(語句)가 있는 것으로 보아 중국에도 있었던 두발모양인데, 조선시대에는 관례 때 쌍상투를 트는 풍습이 있었으며, 총각이 아닐지라도 정발(頂髮)이 많은 사람은 두발을 좌우로 나누어 각상(角狀)의 쌍계를 맺었다고 한다.

⑤ 개체변발(開剃폴髮)형 : 두발의 변두리를 깎고 정수리 부분의 두발만 남겨 땋아 늘인 두발 모양으로 몽골[蒙古] 풍속에서 전래된 것인데, 이를 몽골어로 케큘(kek犪l), 한자로는 겁구아(怯仇兒)라고 하였다. 이것은 고려 후기에 원(元)나라에 복속(服屬)되면서 약 1세기 동안 그들 풍속을 따른 데서 일시 유행한 두발 모양이었다.

(2)여자헤어

미혼여자의 헤어는 미혼남자와 마찬가지로 묶은헤어·땋은헤어를 흔히 하고, 기혼일 때는 쪽헤어·얹은헤어를 주로 하며, 특히 조선시대에는 예장용(禮裝用) 헤어 모양으로 다양한 것이 있었다.

① 묶은 중발 헤어 : 짧은 헤어를 뒤에서 낮게 묶은 헤어모양으로, 묶은헤어, 즉 속발의 일종이라고 할 수 있다. 이 헤어모양은 고구려 고분 벽화에도 보이며 요즈음도 소녀들 헤어에서 볼 수 있는 형이다.

② 귓 헤어형 : 양쪽 귀 위에 귓헤어를 땋아 뒤에서 모두어 다시 땋아 늘이고

끝에 댕기를 드린 땋은헤어이다. 귀밑헤어라고도 한다. 이것은 조선시대에 있었던 미혼녀의 헤어모양인데, 양반가의 규수들은 귓헤어로 귀를 가리고 일반 처녀들은 귀를 가리지 않았다고 한다.

③ 새앙 헤어형 : 헤어를 2갈래로 갈라서 틀고 이것을 다시 틀어 올려 헤어 뒤에서 아래위로 두덩어리가 지게 잡아 맨 헤어모양으로, 조선시대 궁중의 아기상궁이나 상류계급의 처녀들이 예장할 때 하였다. 이를 새앙낭자 또는 생헤어라고도 하였다.

④ 얹은 헤어형 : 헤어를 뒷헤어로부터 앞헤어로 감아돌리어 끝을 앞 헤어 가운데에서 감아 꽂은 헤어 모양으로, 이것은 고구려 고분 벽화에도 보이며 《북사(北史)》의 〈백제조(百濟條)〉에서는 출가녀(出嫁女)는 헤어를 2갈래로 나누어 이것을 헤어 위에 반(盤)한다 하였고 〈신라조(新羅條)〉에서는 변(폴)하여 헤어에 둘렀다 하고 있어 이 헤어모양은 기혼녀의 일반 헤어모양이었음을 알 수있다. 그러므로 이에는 땋아서 얹은 것도 있었고 그렇지 않은 것도 있었다.

조선시대에는 얹은헤어에 다리[다래:月子, 娘子]를 사용하여 고계(高髻)를 만듦으로서 이에 따른 사치가 심하였으므로 영조(英祖) · 정조(正祖)대에 체계 금지령(渲髻禁止令)이 내려지기도 하였고, 쪽헤어를 하도록 권장하였다.

⑤ 쪽 헤어형 : 헤어를 뒤통수에 낮게 트는 헤어모양으로, 이것도 고구려 고분 벽화에서 볼수 있는 기혼녀의 헤어모양이다. 이것은 북계(北髻)라고도 하여 얹은헤어와 함께 한국 기혼녀의 헤어모양의 기본형이 되었다. 이에도 다리를 사용하였으며 시속에 따라 쪽의 위치가 헤어 뒤에서 위로도 붙고 아래로 처지기도 하였다.

《고려도경(高麗圖經)》 〈부인조(婦人條)〉에 보면 추마계(戌馬髻)라는 것이 고려시대 기혼녀의 헤어모양으로 나온다. 이것도 쪽헤어의 일종이나 쪽헤어와 같이 헤어를 땋아서 묶은 것이 아니고 그대로 틀어묶은 것으로, 명칭으로 보아 쪽을 헤어 뒤에 붙인 것이 아니라 늘여서 어깨까지 처지게 한 것으로 본다.

⑥ 푼기명 헤어형 : 헤어를 3갈래로 갈라서 1갈래의 헤어채는 뒤로 하고 2갈래의 두발을 좌우의 볼 쪽에 각각 늘어뜨리는 두발 모양인데, 고구려 고분 벽화에서는 이것이 남자 그림과 여자 그림에서도 보인다. 그러나 이것은 특수한 두발 모양으로, 전해 내려오지는 못한 것 같다.

⑦ 큰 두발형 : 조선시대 궁중에서 의식 때 하던 두발 모양으로, 어여두발형 위에 "떠구지"라는 나무로 만든 큰 두발을 얹어놓은 것이다.

정조는 선조(先朝)에서 매듭짓지 못한 체계금지를 위하여, 등극하자마자 우선 궁중에서부터 이를 금하고 다리(artificial) 대신 나무를 사용하게 하였는데, 이 나무로 된 대용물이 떠구지였다. 큰 가체를 떠구지라고도 하였고,

한자로는 거두미(巨頭味/擧頭美)라고 하였다.

⑧ 어여 두발형 : 조선시대에 예장할 때 헤어에 얹은 다리(artificial)로 된 커다란 가체를 말하며, 헤어에 어염족두리(솜족두리)를 쓰고 그 위에 다리(artificial)로 된 커다란 가체를 얹어 옥판(玉板)과 화잠(花簪)으로 장식하였다.

또야 가체라고도 한다. 한자로 어유미(於由味/於汝美)라고 한다. 이것은 큰 머리에 버금가는 예장용으로서, 궁중에서나 양반가의 부녀자들이 사용하였다.

⑨ 대수(大首) : 오늘날 가발과도 같은 것으로서, 궁중의식용 가체(加渲)의 하나였다. 이에는 여러 가지 수식(修飾)을 더했으며, 이를 쓰고 그 위에 또 수식(首飾)을 더하였다.

⑩ 조짐 두발형 : 조선시대에 외명부(外命婦)가 궁중을 출입할 때 하던 가체의 일종으로서 다리, 즉 낭자(娘子)를 소라껍데기 비슷하게 크게 틀어 쪽두발형에 가식(加飾)한 것이다. 이 두발모양은 정조의 발제개혁(髮制改革) 이후 얹은두발 대신 쪽진형을 함에 따라 쪽을 돋보이게 하기 위하여 생겨난 것이라고 할 수 있다.

⑪ 첩지 두발형 : 조선시대의 예장할 때의 헤어모양으로, 첩지(疊地)라 함은 왕비는 도금(鍍金)으로 봉(鳳) 모양을, 내명부(內命婦) · 외명부는 도금 · 은(銀) 또는 흑각(黑角)으로 개구리 모양을 만들어 좌우에 긴 머리털을 단 것을 말하는데, 이것을 가리마 가운데에 중심을 맞추어 대고 느릿느릿 양쪽으로 땋아 뒤에서 두발과 한데 묶어 쪽을 찐 것이다.

이 첩지의 장식은 화관이나 족두리 같은 것을 쓸 때 이를 고정시키는 구실을 하기도 하고, 신분의 구분을 위해서도 사용되었다. 궁중에서는 평시에도 첩지 두발형을 하고 있었는데, 그것은 궁중법도에 따라 어느 때 갑자기 족두리나 화관을 쓰게 될지도 모르기 때문이었던 것 같다. 이 밖에도 여자 머리(head) 모양에는 풀두발 · 코두발 · 바둑판두발 · 종종두발 등 여러 가지가 있다.

8 한국의 가발

한국에서는 두발 숱이 적은 여인들이 다리[月子]를 달아 쪽을 찐 것이 가발의 시초이다.《삼국사기》 등의 문헌에 의하면 다리(artificial)에 관련된 기록을 볼 수 있는데, 신라 성덕왕 때에 당(唐)나라에 사신을 보내는 편에 다리를 예물로 가져가게 한 기록이 있다. 또 경문왕(景文王) 때 당나라에 가는 사신은 4자 5치(135cm) 길이의 다리 150냥(5.6kg)과 5자 3치(159cm) 다리 300냥(11kg)을 가지고 갔다는 기록이 있다. 16냥중이 1 근이므로 분량으로 따지면 얼마 되지 않는 것으로 보이나, 그 시절에는 다리를 귀금속만큼이나 귀중하게 다루었음을 짐작할 수 있다. 또 고구려의 고분벽화에서 볼 수 있는 여인도(女人圖)의 두발 모양이 다리를 이용한 얹은두발이라고 고증되어 있다. 그런데 옛날 사람들은 두발 모양을 크게 만들기 위해서 다리를 사용한 점이 현대 여성들의 가발 사용 목적과는 좀 다르다. 조선 정조(正祖) 때만 하더라도 두발 모양을 크게 꾸미는 것이 유행하여 다리값이 금값처럼 비싸져서, 다리의 사용을 국법으로 제한하였다고도 한다.

용도에 따라 다음과 같이 많은 종류의 가발이 있었다.

① 첩지형 : 조선시대 상류사회의 여인들이 액세서리로 사용한 가발.
② 다리형 : 두발을 땋아서 긴 다리를 만들어 평상시의 머리(head)에서 쪽이나 어여두발형 또는 무수리 등과 같이 예식두발을 할 때에 사용한 가발.
③ 부분 가발 : 두상(head)의 윗 부분이나 아랫부분에 부분적으로 이용하는 가발.
④ 전체 가발 : 앞 두상(head)에서부터 두상(head) 전체에 쓰는 가발.
⑤ 어여형 : 조선시대 황후의 평상시의 두발형 모양으로 상류사회 여인들은 왕가의 축제일 때에만 이러한 가체 모양을 하도록 허용되었다.
⑥ 무수리 두발형 : 궁중에 처음 들어온 시녀들이 상궁이 되기 전에 하던 두발형 모양이다.

최근 한국에도 가발공업이 성행하고 있는데, 원모처리(原毛處理)나 식모(植毛)기술 등이 외국의 것을 능가할 정도로 우수하다. 그리고 손으로 식모를 하는 것이 기계로 식모하는 것보다 두상(head)에 잘맞고 두발의 흐름도 매우 자연스럽다. 가격은 손으로 만든 쪽이 비싸고, 두상(head)에 써 보아서 좀 작다고 느껴지는 것이 좋으며, 빛깔은 자기 두발의 빛깔보다 좀 밝은 것이 좋다.

참 고

1.우리 몸의 털 종류

①털의 종류 -취모(배내두발),연모(솜털,velles hair),중간(indeterminate hair),
성모(종모,terminal hair)
②세계의3종류 두발 - 유럽 모,인도 모,아시아 모의 3 종류로 나눌 수 있습니다.
③아시아 두발 - 굵은 두발 :타이, 베트남, 중국 모,한국 모등입니다.
부드러운 연모와 딱딱한 강모

2.두발

①두발의 종류

두발은 경모와 연모로 구분한다.

가,경모(센털):털이 긴 머리카락, 수염, 음모 등

ㄱ. 장모 : 수염. 겨드랑이 털, 음모등 자라는 길이가 1cm이상인 털 모

ㄴ. 단모 : 눈썹. 속눈썹. 코털. 귀털 등 자라는 길이가 1cm이하인 털 모

나. 연모(솜털): 얼굴 털. 솜털. 몸털 등

B

땋기 / 엮기

1 두발 세가닥 땋기(braiding hair)

세가닥 땋기(braiding)가 완성된 상태에서
피스를 꼽아 마무리(comb out)를 한다.

두발 세가닥 땋기 Sketch

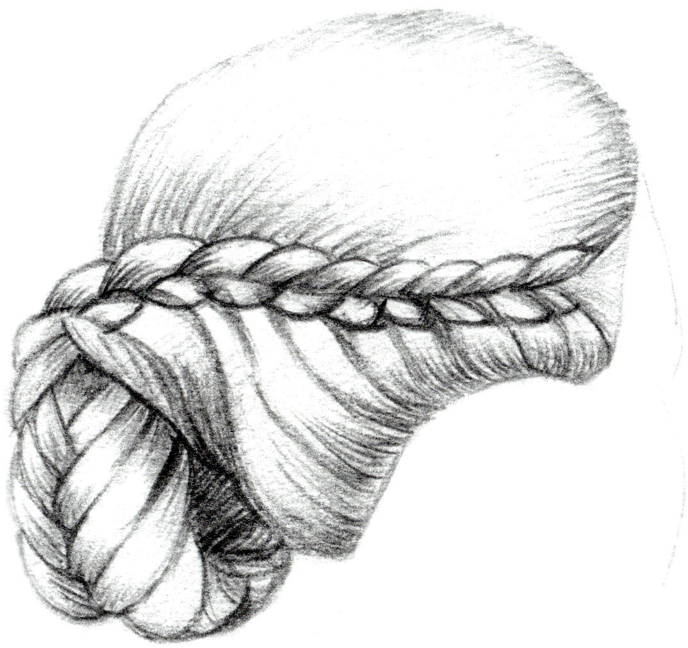

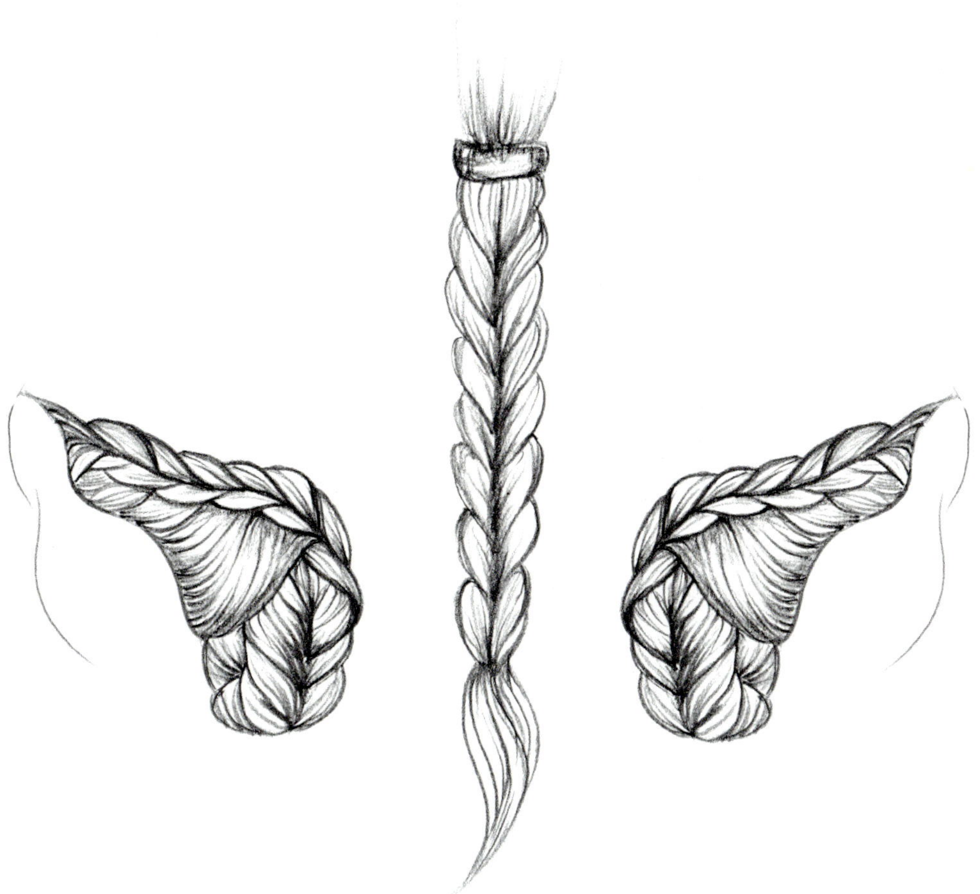

작업과정 Check List

주제 : 두발 세가닥 땋기

작업 단계	작 업 내 용	그림보기
준비단계	1. 두발(hair) 난선에서 두피 위쪽 방향으로 U자형으로 파트를 나누어 올려 붙잡고 U자선 밑에 헤어라인(hair line)은 3-4㎝로 한다.	그림 1
	2. 위에 파트의 두발(hair)을 내려서 세이핑(shaping)을 하여 포니테일(ponytail style)로 처리할 때 밑에 두발(hair)을 1㎝를 떠서 그 두발로 돌려서묶는다.	그림 2
	3. 두 가닥 땋기(braiding)를 한다. 좌측두발(hair)을 우측으로 우측 두발은 좌측으로 반복하면서 작업한다.	그림 3
	4. 두 가닥 땋아(braiding) 놓은 두발(hair) 형이다.	그림 4
중간단계	5. 땋아(braiding)놓은 두발(hair)외 밑에 두발은 앞으로 넘겨 놓는다.	그림 5
	6. 두 가닥 땋은(braiding) 것은 둥글게 루프(loop) 형태로 만든다.	그림 6
	7. 두발(hair)을 세 가닥 집어 땋기 한다.	그림 7
	8. 세 가닥 땋으면서 밑에 두발을 집어 땋기(braiding)한다.	그림 8
	9. 집어 땋기를 계속해서 끝까지 한다.	그림 9
마무리단계	10. 세 가닥 땋기(braiding) 한 마무리(comb out)는 백 콤(back comb)을 한다	그림 10
	11. 루프(loop)위에 반대 방향으로 가서 손가락에 C자로 만들어 두피에 대고 핀을 꼽는다. 좌측 방향이나 우측의 방향도 같은 방법으로한다.	그림 11

준비물

- 필기도구 : 노트, 펜
- 작업도구 : 핀, 빗, 스프레이, 피스
- 학습도구 : 가발

두발 세가닥 땋기 작업순서

그림 1

1 두발(hair) 난선에서 두피 위쪽 방향으로 U자형으로 파트를 나누어 올려 붙잡고 U자선 밑에 헤어라인(hair line)은 3-4㎝로 자른다(cutting).

그림 2

2 위에 파트의 두발(hair)을 내려서 세이핑(shaping)을하여 포니테일(ponytail)로 처리할 때 밑에 두발(hair)을 1㎝를 떠서 그 두발로 돌려서 묶는다.

주의사항 벤드처리를 하면 두피(head)의 두발(hair)이 당겨저 매우 아프기 때문에 밑에 1cm의 두발로 묶음 처리한다.

두발 세가닥 땋기 작업순서

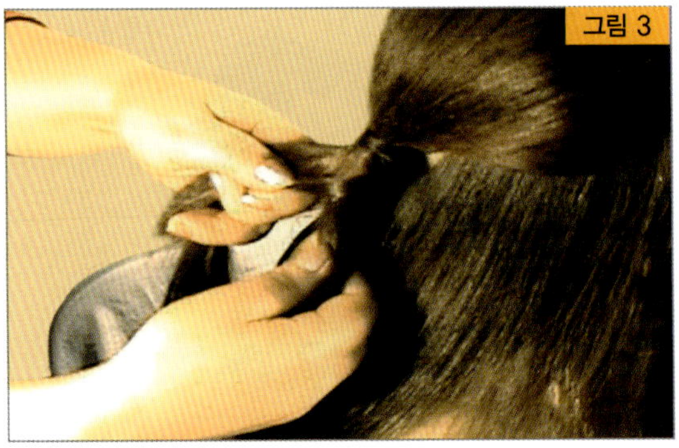

그림 3

3 두 가닥 땋기(braiding)를 한다.
좌측두발(hair)을 우측으로 우측 두발은 좌측으로 반복하면서 작업한다.

그림 4

4 두 가닥 땋아(braiding) 놓은 두발(hair) 형이다.

그림 5

5 땋아(braiding)놓은 두발(hair)의 밑에 두발은 앞으로 넘겨 놓는다.

두발 세가닥 땋기 작업순서

6 두 가닥 땋은(braiding) 것은 둥글게 루프(loop) 형태로 만든다.

7 두발(hair)을 세 가닥 집어 땋기(braiding)한다.

8 세 가닥 땋으면서 밑에 두발을 집어 땋기(braiding)한다.

두발 세가닥 땋기 작업순서

9 집어 땋기를 계속해서 끝까지 계속한다.

10 세 가닥 땋기(braiding) 한 마무리(comb out)는 백콤(back comb)을 한다

11 루프(loop)위에반대 방향으로 가서 손가락에 C자로 만들어 두피에 대고 핀을 꼽는다.

주의사항 좌측 방향이나 우측의 방향도 같은 방법으로한다.

작업과정 평가 Check List

주제 : 두발 세가닥 땋기

작업 단계	작 업 내 용	작품수준 상	중	하
준비단계	1. 두발(hair) 난선에서 두피 위쪽 방향으로 U자형으로 파트를 나누어 올려 붙잡고 U자선 밑에 헤어라인(hair line)은 3-4㎝로 한다.			
	2. 위에 파트의 두발(hair)을 내려서 세이핑(shaping)을 하여 포니테일(ponytail style)로 처리할 때 밑에 두발(hair)을 1㎝를 떠서 그 두발로 돌려서묶는다.			
	3. 두 가닥 땋기(braiding)를 한다. 좌측(left) 두발(hair)을 우측으로 우측 두발은 좌측으로 반복하면서 작업한다.			
	4. 두 가닥 땋아(braiding) 놓은 두발(hair) 형이다.			
중간단계	5. 땋아(braiding)놓은 두발(hair)외 밑에 두발은 앞으로 넘겨 놓는다.			
	6. 두 가닥 땋은(braiding) 것은 둥글게 루프(loop) 형태로 만든다.			
	7. 두발(hair)을 세 가닥 집어 땋기 한다.			
	8. 세 가닥 땋으면서 밑에 두발을 집어 땋기(braiding)한다.			
	9. 집어 땋기를 계속해서 끝까지 한다.			
마무리단계	10. 세 가닥 땋기(braiding) 한 마무리(comb out)는 백 콤(back comb)을 한다			
	11. 루프(loop)위에 반대 방향으로 가서 손가락에 C자로 만들어 두피에 대고 핀을 꼽는다. 좌측 방향이나 우측의 방향도 같은 방법으로한다.			

MEMO

2 두발(Hair)에 세끼 꼬기(Twist)

두발에(hair)세끼 꼬기(Twist)를 한 업스타일(up style)이다. 후면과 옆면의 모습이다.

두발에 세끼 꼬기 Sketch

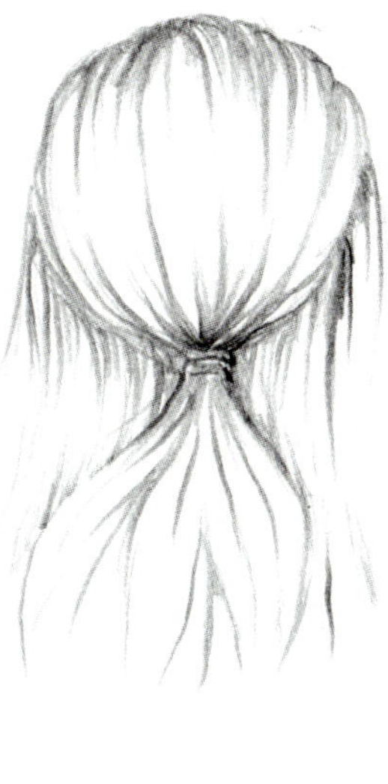

작업과정 Check List

주제 : 두발에 세끼 꼬기

작업단계	작 업 내 용	그림보기
준비단계	1. 헤어라인(hair line)에서 두피 안쪽 3-4㎝ 남기고 위에 남은 두발은 백콤(back comb)을 넣어 곱게 빗어 수반을 만든다.	그림 1
	2. 빗질(combing)을 곱게 하고 수반을 만든 후 포니테일(pony tail)로 묶는다.	그림 2
	3. 묶은 두발 끝을 백 코밍(back comb)을 넣어 볼륨(volume)을 충분하게 만들어 준 후 빗질(combing))을 한다.	그림 3
	4. 머리채(chignon)망을 인조나 변발을 꼬아서 가발로 만들어 놓는다.	그림 4
	5. 원형(round shape)을 만들어 놓은 형에 머리채(chignon)를 덮어씌운다. 두발(hair)이 흩으러 지지 않고 단정한 볼륨(volume)의 효과를 볼 수 있다.	그림 5
중간단계	6. 두 가닥을 똑같이 밑으로 돌려꼬기 한다.	그림 6
	7. 만들어논 두발을 위로 두발을 집어 돌린다.	그림 7
	8. 위에 가닥은 우측 손에 잡고 좌측은 밑으로 돌린 후 위로꼬기(twist)를 한다.	그림 8
	9. 꼬기(twist)작업이 끝나면 좌측 방향으로 가저 온다.	그림 9
마무리단계	10. 손가락으로 원형(round shape)을 만들어 두피에 대고 핀을 꼽아준다.	그림 10
	11. 좌우측이 같은 식으로 만든 작품이다.	그림 11
	12. 전면과 옆면 후면의 사진이다. 전면에서는 크게 변화가 없어보이 지만 후면에서는 멋스러워 보이는 형으로 세련미가 있어 보인다.	그림 12-1 그림 12-2 그림 12-3

준비물

- 필기도구 : 노트, 펜
- 작업도구 : 핀, 빗, 스프레이, 피스
- 학습도구 : 가발

두발에 세끼 꼬기 작업순서

그림 1

1 헤어라인(hair line)에서두피안쪽3-4㎝남기고 위에 남은 두발은 백 콤(back comb)을 넣어 곱게 빗어 수반을 만든다.

그림 2

2 빗질(combing)을 곱게 하고 수반을 만든 후 포니테일(pony tail) 로 묶는다.

그림 3

3 묶은 두발 끝을 백 코밍(back comb)을 넣어 볼륨(volume)을 충분하게 만들어 준 후 빗질(combing))을 한다.

두발에 세끼 꼬기 작업순서

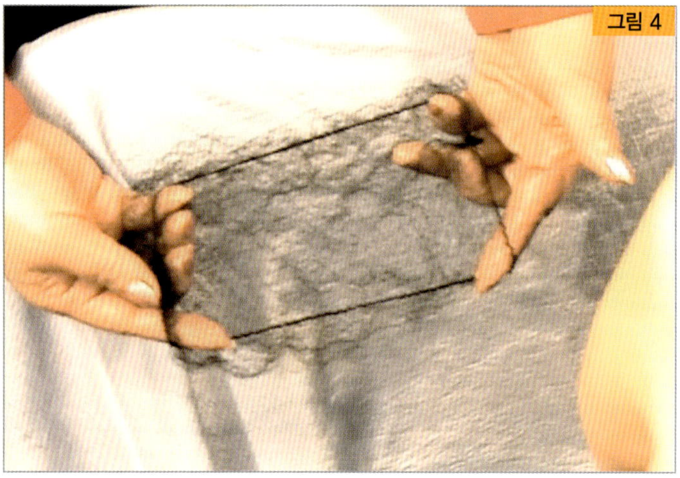

4 머리채(chignon)망을 인조나 변발을 꼬아서 가발로 만들어 놓는다.

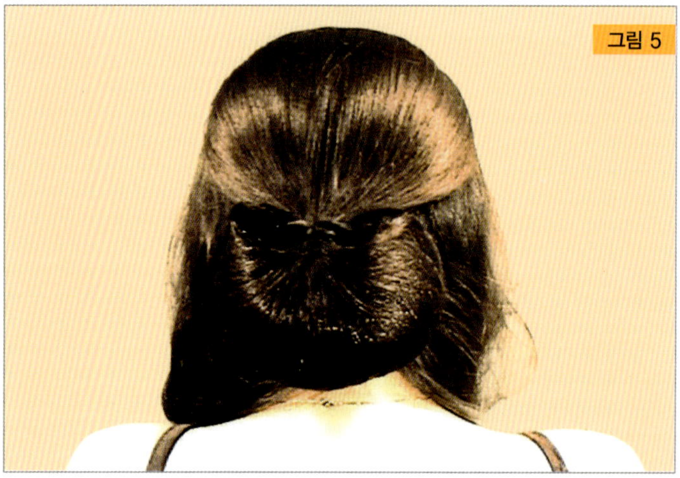

5 원형(round shape)를 만들어놓은 형에 머리채(chignon) 를 덮어씌운다. 두발(hair)이 흩으러 지지 않고 단정한 볼륨(volume)의 효과를 볼 수 있다.

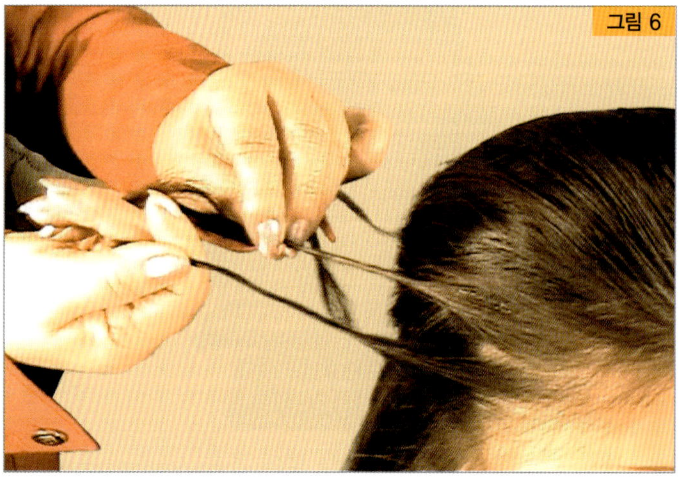

6 두 가닥을 똑같이 밑으로 돌려꼬기 한다.

두발에 세끼 꼬기 작업순서

7 꼬아 놓은 두발을 위로 꼬기를 한다.

8 위에 가닥은 우측 손에 잡고 좌측은 밑으로 돌린 후 위로꼬기(twist)를 한다.

9 꼬기(twist)작업이 끝나면 좌측 방향으로 가져 온다.

그림 10

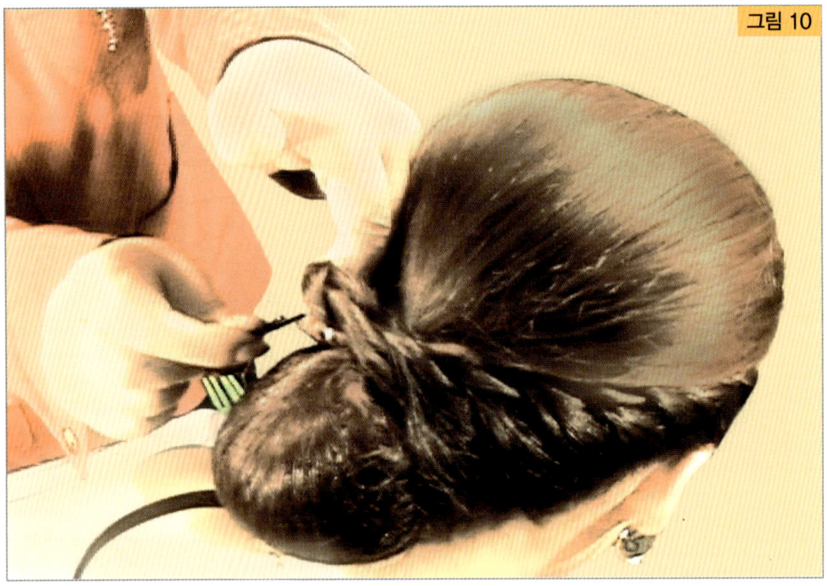

10 손가락으로 원형(round shape)을 만들어 두피에 대고 핀을 꽂아준다.

그림 11

11 좌우측이 같은 식으로 만든 작품이다.

두발에 세끼 꼬기 작업순서

그림 12-1

그림 12-2

그림 12-3

12 전면과 옆면 후면의 사진이다. 전면에서는 크게 변화가 없어보이 지만 후면에서는 멋스러워 보이는 형으로 세련미가 있어 보인다.

작업과정 평가 Check List

주제 : 두발에 세끼 꼬기

작업 단계	작 업 내 용	그림보기 상	그림보기 중	그림보기 하
준비단계	1. 헤어라인(hair line)에서 두피 안쪽 3-4㎝ 남기고 위에 남은 두발은 백콤(back comb)을 넣어 곱게 빗어 수반을 만든다.			
	2. 빗질(combing)을 곱게 하고 수반을 만든 후 포니테일(pony tail)로 묶는다.			
	3. 묶은 두발 끝을 백 코밍(back comb)을 넣어 볼륨(volume)을 충분하게 만들어 준 후 빗질(combing))을 한다.			
	4. 머리채(chignon)망을 인조나 변발을 꼬아서 가발로 만들어 놓는다.			
	5. 원형(round shape)을 만들어 놓은 형에 머리채(chignon)를 덮어씌운다. 두발(hair)이 흩으러 지지 않고 단정한 볼륨(volume)의 효과를 볼 수 있다.			
중간단계	6. 두 가닥을 똑같이 밑으로 돌려꼬기 한다.			
	7. 만들어논 두발을 위로 두발을 집어 돌린다.			
	8. 위에 가닥은 우측손에 잡고 좌측은 밑으로 돌린 후 위로꼬기(twist)를 한다.			
	9. 꼬기(twist)작업이 끝나면 좌측 방향으로 가저 온다.			
마무리단계	10. 손가락으로 원형(round shape)을 만들어 두피에 대고 핀을 꼽아준다.			
	11. 좌우측이 같은 식으로 만든 작품이다.			
	12. 전면과 옆면 후면의 사진이다. 전면에서는 크게 변화가 없어보이 지만 후면에서는 멋스러워 보이는 형으로 세련미가 있어 보인다.			

MEMO

3 두 가닥(two piece) 밑으로 땋기(braid)

전체의 헤어라인(hair line)에서 3~4cm의 두발을 남기고 안에 있는 두발(hair)은 말꼬리(ponytail)로 묶음처리하고 3~4cm 남겨 놓은 두발(hair)은 텐션을 풀면서 밑으로 집어 땋기를 한다.

그리고 미리 만들어 놓은 피스를 두발 끝에 붙여 핀 처리한다.

피스로 두발(hair)끝에 핀을 꽂아 마무리(comb out) 한다.

4 슬라이스 뜨기 업스타일(slice up style)

슬라이스 뜨기 업스타일 Sketch

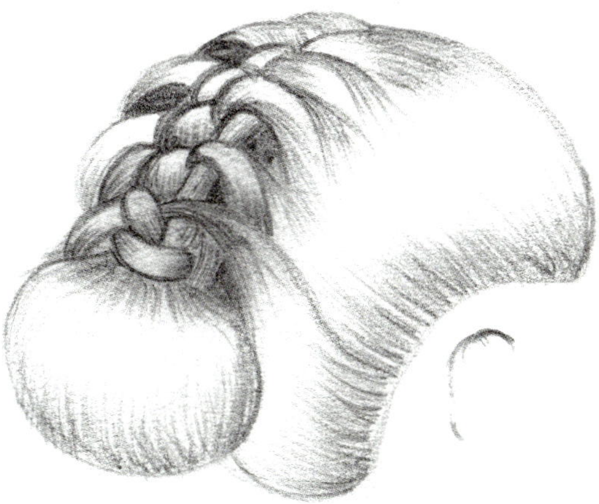

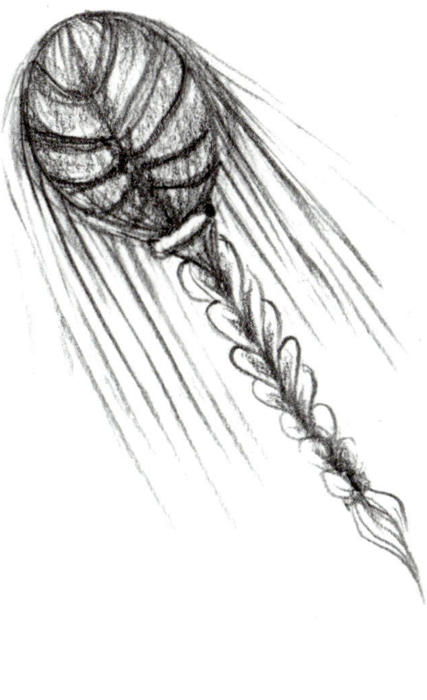

작업과정 Check List

주제 : 슬라이스 뜨기 업스타일

작업 단계	작 업 내 용	그림보기
준비단계	1. 두발(hair) 전체의 헤어라인을 슬라이스(slice)로 1cm 갈라놓는다.	그림 1
	2. 안에(in)두발(hair)을 깨끗이 빗질하여 포니테일(ponytail)로 묶는다.	그림 2
	3. 전체의 1cm 남겨 논 두발(hair)을 앞에 두발 3cm부터 떠서 1cm로(3등분) 나눈다.	그림 3
중간단계	4. 그리고 1cm 씩 집어 땋기(braid)를 한다.	그림 4
	5. 헤어라인으로 남겨 논 두발을 계속해서 1cm씩 집어 땋기(braid) 한다.	그림 5
	6. 후면(back)에서 목선(nape)까지 집어땋기(braid)하고 마무리 한다.	그림 6
	7. 포니테일(ponytail)로 묶어논 목선(nape)의 두발(hair)을 끝까지 두 가닥 땋기(braid)를 한다.	그림 7
마무리단계	8. 마무리(com out)는 벤드 처리한다.	그림 8
	9. 만들어 놓은 가닥을 밴드로 마무리(comb out)한곳에 꼽는다.	그림 9
	10. 어린아이나 20~30대에게 잘 어울리는 형이다.	그림 10
	11. 땋은(braid)두발(hair)을 앞에서 당겨본다.	그림 11
	12. 당겨놓은 두발(hair)을 측면에서 본다. 그리고 스프레이를 뿌려 컬러파우더를 뿌려 마무리(comb out)한다.	그림 12

준비물

- 필기도구 : 노트, 펜
- 작업도구 : 핀, 빗, 스프레이, 피스, 컬러파우더, 반짝이 제품
- 학습도구 : 가발

MEMO

슬라이스 뜨기 업스타일 작업순서

그림 1

1 두발(hair) 전체의 헤어라인을 슬라이스(slice)로 1cm 갈라 놓는다.

그림 2

2 안에(inside)두발(hair)을 깨끗이 빗질하여 포니테일(ponytail)로 묶는다.

그림 3

3 전체의 1cm 남겨 논 두발(hair)을 앞에 두발3cm를 떠서1cm로(3등분) 나눈다.

그림 4

4 그리고 1cm 씩 집어 땋기(braid)를 한다.

슬라이스 뜨기 업스타일 작업순서

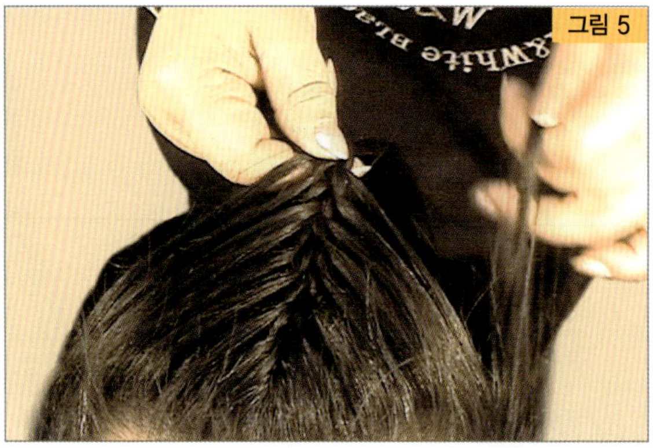

그림 5

5 헤어라인으로 남겨 논 두발을 계속해서 1cm씩 집어 땋기(braid) 한다.

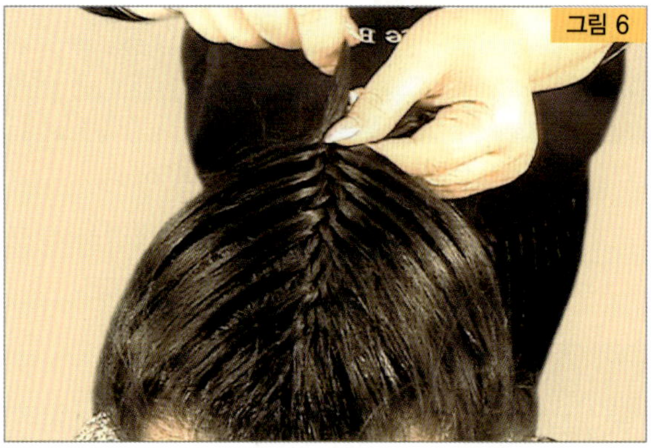

그림 6

6 후면(back)에서 목선(nape)까지 집어땋기(braid)하고 마무리한다.

그림 7

7 포니테일(ponytail)로 묶어논 목선(nape)의 두발(hair)을 끝까지 두 가닥 땋기(braid)를 한다.

그림 8

8 마무리(comb out)는 벤드 처리한다.

슬라이스 뜨기 업스타일 작업순서

그림 9

9 만들어 놓은 가닥을 밴드로 마무리(comb out)한곳에 꼽는다.

그림 10

10 어린아이나 20~30대에게 잘 어울리는 형이다.

그림 11

11 땋은(braid)두발(hair)을 앞에서 당겨본다.

그림 12

12 당겨놓은 두발(hair)을 측면에서 본다. 그리고 스프레이를 뿌려 컬러파우더를 뿌려 마무리(comb out)한다.

작업과정 평가 Check List

주제 : 슬라이스 뜨기 업스타일

<table>
<tr><th rowspan="2">작업단계</th><th rowspan="2">작 업 내 용</th><th colspan="3">그림보기</th></tr>
<tr><th>상</th><th>중</th><th>하</th></tr>
<tr><td rowspan="3">준비단계</td><td>1. 두발(hair) 전체의 헤어라인을 슬라이스(slice)로 1cm 갈라놓는다.</td><td></td><td></td><td></td></tr>
<tr><td>2. 안에(in)두발(hair)을 깨끗이 빗질하여 포니테일(ponytail)로 묶는다.</td><td></td><td></td><td></td></tr>
<tr><td>3. 전체의 1cm 남겨 논 두발(hair)을 앞에 두발 3cm부터 떠서 1cm로(3등분) 나눈다.</td><td></td><td></td><td></td></tr>
<tr><td rowspan="4">중간단계</td><td>4. 그리고 1cm 씩 집어 땋기(braid)를 한다.</td><td></td><td></td><td></td></tr>
<tr><td>5. 헤어라인으로 남겨 논 두발을 계속해서 1cm씩 집어 땋기(braid) 한다.</td><td></td><td></td><td></td></tr>
<tr><td>6. 후면(back)에서 목선(nape)까지 집어땋기(braid)하고 마무리 한다.</td><td></td><td></td><td></td></tr>
<tr><td>7. 포니테일(ponytail)로 묶어논 목선(nape)의 두발(hair)을 끝까지 두 가닥 땋기(braid)를 한다.</td><td></td><td></td><td></td></tr>
<tr><td rowspan="5">마무리단계</td><td>8. 마무리(comb out)는 벤드 처리한다.</td><td></td><td></td><td></td></tr>
<tr><td>9. 만들어 놓은 가닥을 밴드로 마무리(comb out)한곳에 꼽는다.</td><td></td><td></td><td></td></tr>
<tr><td>10. 어린아이나 20~30대에게 잘 어울리는 형이다.</td><td></td><td></td><td></td></tr>
<tr><td>11. 땋은(braid) 두발(hair)을 앞에서 당겨본다.</td><td></td><td></td><td></td></tr>
<tr><td>12. 당겨놓은 두발(hair)을 측면에서 본다. 그리고 스프레이를 뿌려 컬러파우더를 뿌려 마무리(comb out)한다.</td><td></td><td></td><td></td></tr>
</table>

MEMO

5 젊은층 헤어(hair)에 세끼 꼬기(twist)

결혼 전 젊은층에 잘 어울리는 형으로 전체의 두발(hair)을 평소의 롱 헤어(long line)를 그대로 나두고 헤어라인(hair line)에서 3~4cm 남겨 논 좌측(left)두발(hair)을 세끼꼬기(twist)를 한다. 우측(right)도 같은 방법으로 세끼 꼬기(twist)를 하고 좌우측(left right)의 꼬아놓은 것을 함께 합친다. 그리고 혼합형(여러 가지 피스)으로 마무리한다.

6 두발(Hair)에 멍석(strow mat) 엮기(plait wave)

두발에 멍석 엮기 Sketch

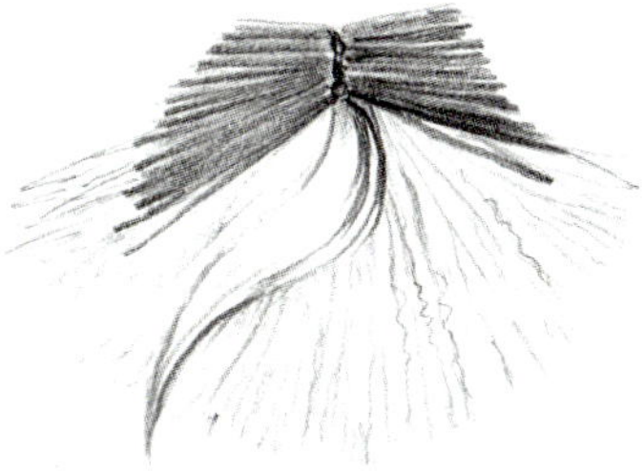

작업과정 Check List

주제 : 두발에 멍석 엮기

작업 단계	작 업 내 용	그림보기
준비단계	1. 후면에서 목선을 중심으로 $\frac{1}{2}$로 나눈다.	그림 1
	2. 수직(vertical)으로 파트를 나누고 세가닥 땋기(braid)를 한다.	그림 2
	3. 세가닥 땋기(braid)가 끝나면 귀선을 중심으로 멍석(straw mat)역기를 한다.	그림 3
중간단계	4. 수직(vertical)으로 슬라이스((slice)를 1cm 떠서 첫째 단에 12~13개 정도 만든다. 그 다음부터는 만들어 놓은 가닥(a piece: a cut)을 하나하나 줄여드는 역할을 한다. 마지막(the last) 13개가 없어지면 그림과 같은 멍석(straw mat) 엮기가 끝난다. 두발(hair)의 가닥 사이에 한 가닥씩 두발(hair)을1cm 떠서 기본 틀에 넣으면서 그 가닥으로 기본에 있는 두발(hair)을 만들어 놓는다. 전채 적으로 끝 가닥을 정리하고 나면 그림과 같은 멍석(straw mat) 엮기가 끝난다.	그림 4-1 그림 4-2 그림 4-3
	5. 앞 두발(front hair)을 리색션(resection) 부근에 브록킹(blocking)한다.	그림 5
	6. 좌측파트(front)에서 세로 (vertical)1cm 평행(parallel)으로1cm를 남겨 놓는다.	그림 6
	7. 파트의 두발(hair)을 4가닥 역기를 한다.	그림 7
	8. 4가닥 역기가 끝나면 눈으로 확인해 본다.	그림 8
	9. 1cm 남겨논 두발(hair)을 세가닥 braid하고 끝까지 마무리한다. 시뇽(chignon)스타일 (style)이 나온다.	그림 9-1, 2, 3
마무리단계	10. 좌우측의 멍석엮기가 끝나면 중심에서 세가닥 땋기를 한다.	그림 10
	11. 세가닥 땋기가 끝나면 두발을 밴드로 묶어서 처리한다.	그림 11
	12. 만들어놓은 피스를 멍석위에 장식 할 수도 있다.	그림 12
	13. 시뇽(chignon)형의 두발(hair) 끝을 루프(loop)로 마무리(comb out)를 하고 진주나 꽃(flower)으로 연출 할 수 있다.	그림 13
	14. (comb out)를 하면서 이런 형의 두발(hair)은 아주 긴 두발(long hair)에 어울리는 형이다. 왜냐하면 긴 두발(long hair) 업스타일(up style)하기에는 매우 어렵기 때문에 이런 방식으로 하게 되면 독특하고 특이한 업스타일이(up style) 될 것이다.	그림 14
준비물	• 필기도구 : 노트, 펜 • 작업도구 : 핀, 빗, 스프레이, 피스, 진구구슬 • 학습도구 : 가발	

두발에 멍석 엮기 작업순서

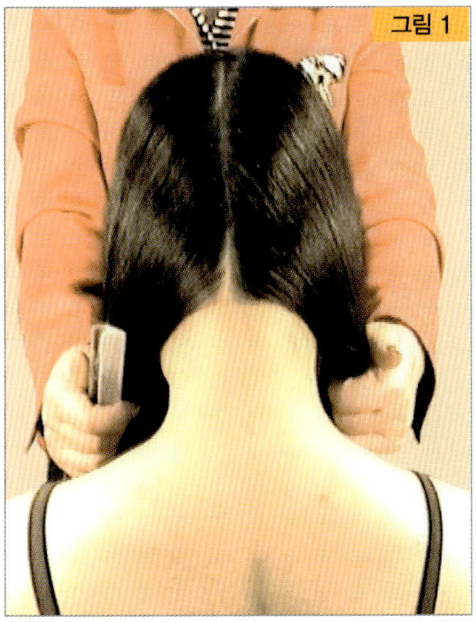

그림 1

1

후면에서 목선을 중심으로 $\frac{1}{2}$로 나눈다.

그림 2

2

수직(vertical)으로 파트를 나누고 세가닥 땋기(braid)를 한다.

그림 3

3 세가닥 땋기(braid)가 끝나면 귀선을 중심으로 멍석(staw mat)엮기를 한다.

두발에 멍석 엮기 작업순서

그림 4-1

그림 4-2

그림 4-3

4-1, 4-2, 4-3 수직(vertical)으로 슬라이스((slice)를 1cm떠서 첫째 단에 12~13개정도 만든다. 그 다음부터는 만들어 놓은 가닥(a piece: a cut)을 하나하나 줄여드는 역할을 한다. 마지막(the last) 13개가 없어지면 그림과 같은 멍석(straw mat) 엮기가 끝난다. 두발(hair)의 가닥 사이에 한 가닥씩 두발(hair)을 1cm떠서 기본 틀에 넣으면서 그 가닥으로 기본에 있는 두발(hair)을 만들어 놓는다. 전체 적으로 끝 가닥을 정리하고 나면 그림과 같은 멍석(straw mat) 엮기가 끝난다.

두발에 멍석 엮기 작업순서

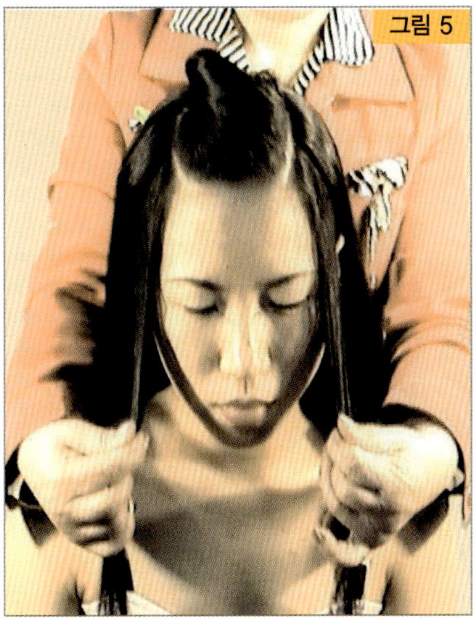
그림 5

5

앞 두발(front hair)을 리섹션(resection) 부근에 브록킹(blocking) 한다.

그림 6

6

좌측파트(front)에서 세로 (vertical)1cm 평행(parallel)으로1cm를 남겨 놓는다.

그림 7

7 파트의 두발(hair)을 4가닥엮기를 한다.

두발에 멍석 엮기 작업순서

그림 8

8 4가닥 엮기가 끝나면 눈으로 확인해 본다.

그림 9-1

그림 9-2

그림 9-3

9-1 1㎝남겨 논 두발(hair)을 세 가닥 braid하고 끝까지 마무리한다.
9-2 시뇬(chignon) 스타일(style)이 나온다.

주의사항 10cm 남은 가닥을 땋을 때 헤어드레서의 자세가 흩으지면 안된다.

9-3 작업의 마무리는 리버트컬이나 포워드컬로 만들어 놓은 컬 안에는 진주나 보석, 패스 등을 꽂아준다.

두발에 멍석 엮기 작업순서

그림 10

10 좌우측의 멍석엮기가 끝나면 중심에서 세가닥 땋기를 한다.

그림 11

11 세가닥 땋기가 끝나면 두발을 밴드로 묶어서 처리한다.

그림 12

12 만들어놓은 피스를 멍석위에 장식 할 수도 있다.

두발에 멍석 엮기 작업순서

그림 13

13 시 시뇽(chignon)형의 두발(hair) 끝을 루프(loop)로 마무리(comb out)를 하고 진주나 꽃(flower)으로 연출 할 수 있다.

그림 14

14 멍석엮기(spread mat)마무리

(comb out)를 하면서 이런 형의 두발(hair)은 아주 긴 두발 (long hair)에 어울리는 형이다. 왜냐하면 긴 두발(long hair) 업스타일(up style)하기에는 매우 어렵기 때문에 이런 방식으로 하게 되면 독특하고 특이한 업스타일이(up style) 될 것이다.

작업과정 평가 Check List

주제 : 두발에 멍석 엮기

작업 단계	작 업 내 용	그림보기		
		상	중	하
준비단계	1. 후면에서 목선을 중심으로 $\frac{1}{2}$로 나눈다.			
	2. 수직(vertical)으로 파트를 나누고 세가닥 땋기(braid)를 한다.			
	3. 세가닥 땋기(braid)가 끝나면 귀선을 중심으로 멍석(straw mat)역기를 한다.			
중간단계	4. 수직(vertical)으로 슬라이스((slice)를 1cm 떠서 첫째 단에 12~13개 정도 만든다. 그 다음부터는 만들어 놓은 가닥(a piece: a cut)을 하나하나 줄여드는 역할을 한다. 마지막(the last) 13개가 없어지면 그림과 같은 멍석(straw mat) 엮기가 끝난다. 두발(hair)의 가닥 사이에 한 가닥씩 두발(hair)을1cm 떠서 기본 틀에 넣으면서 그 가닥으로 기본에 있는 두발(hair)을 만들어 놓는다. 전체 적으로 끝 가닥을 정리하고 나면 그림과 같은 멍석(straw mat) 엮기가 끝난다.			
	5. 앞 두발(front hair)을 리섹션(resection) 부근에 브록킹(blocking)한다.			
	6. 좌측파트(front)에서 세로 (vertical)1㎝ 평행(parallel)으로1㎝를 남겨 놓는다.			
	7. 파트의 두발(hair)을 4가닥역기를 한다.			
	8. 4가닥역기가 끝나면 눈으로 확인해 본다.			
	9. 1㎝ 남겨논 두발(hair)을 세가닥 braid하고 끝까지 마무리한다. 시뇽(chignon)스타일 (style)이 나온다.			
마무리단계	10. 좌우측의 멍석엮기가 끝나면 중심에서 세가닥 땋기를 한다.			
	11. 세가닥 땋기가 끝나면 두발을 밴드로 묶어서 처리한다.			
	12. 만들어놓은 피스를 멍석위에 장식 할 수도 있다.			
	13. 시뇽(chignon)형의 두발(hair) 끝을 루프(loop)로 마무리(comb out)를 하고 진주나 꽃(flower)으로 연출 할 수 있다.			
	14. (comb out)를 하면서 이런 형의 두발(hair)은 아주 긴 두발(long hair)에 어울리는 형이다. 왜냐하면 긴 두발(long hair) 업스타일(up style)하기에는 매우 어렵기 때문에 이런 방식으로 하게 되면 독특하고 특이한 업스타일이(up style) 될 것이다.			

MEMO

7 전체에 얼뜨기 1

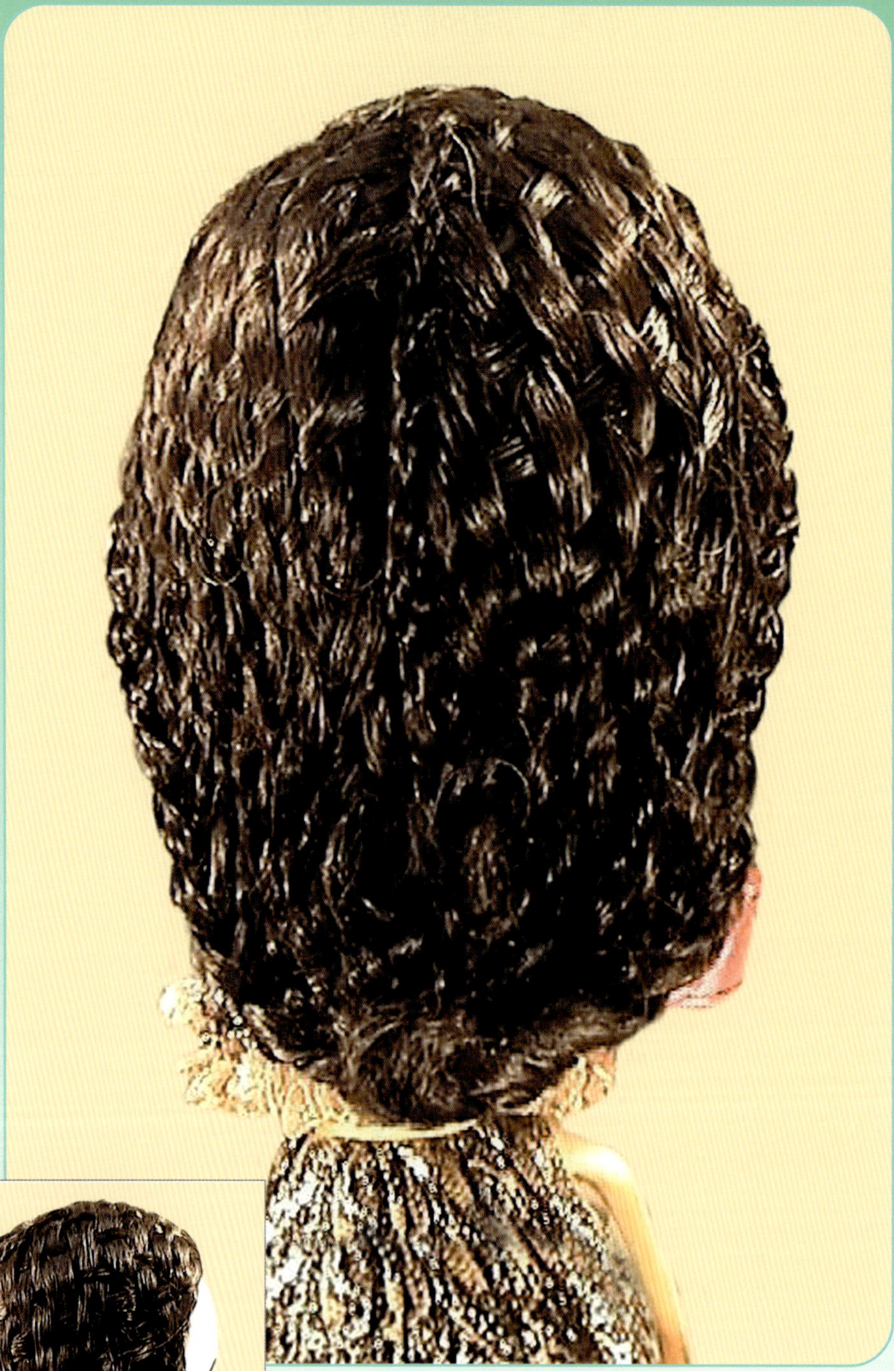

전체에 얼뜨기 1 Sketch

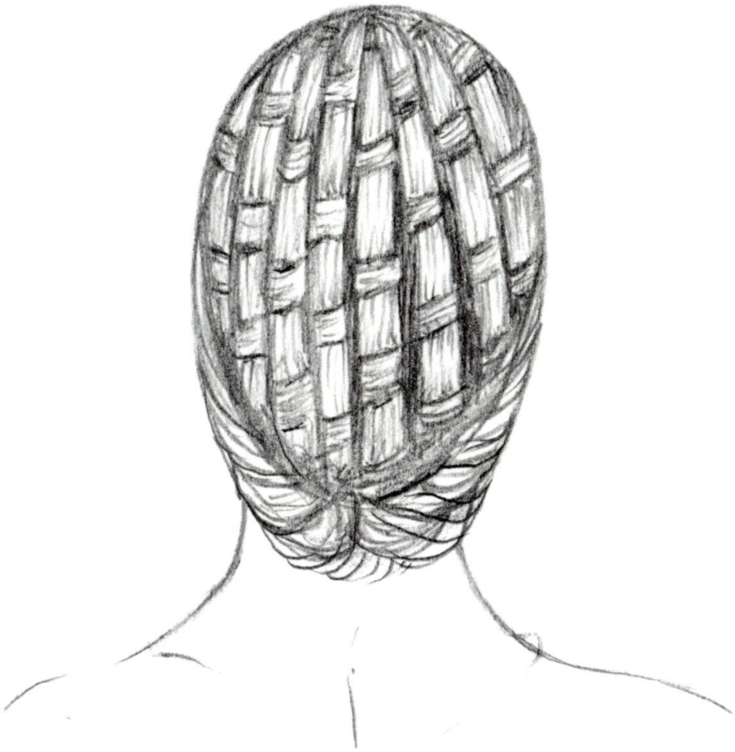

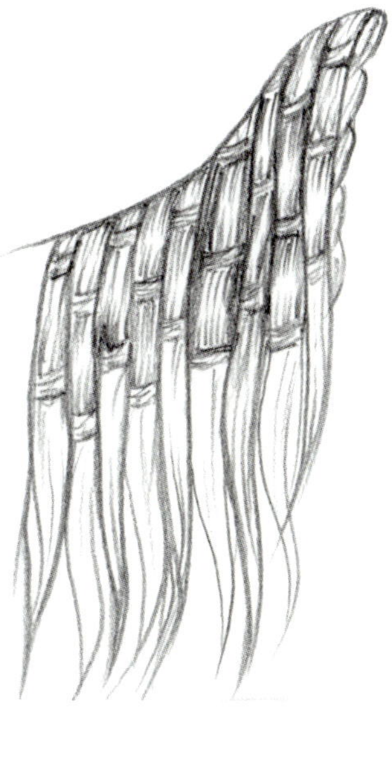

전체에 얼뜨기 1 작업순서

그림 1-1

그림 1-2

1-1, 1-2

테이프(tape)로 멍석(straw mat) 엮기를 한 머리채(chignon) 형이며 전면은 두발(hair)을 가지고 머리채(chignon)을 만들었고 후면(back)은 테이프(tape)를 이용하여 머리채(chignon)을 만들었다.

그림 2-2

그림 2-1

2-1, 2-2

후면(back)의 테이프(tape)로 그물(chignon)을 만들어 개성 있게 연출하였으며 전면(front)은 두발(hair)로 머리채(chignon)을 만들었고 나머지 부분은 가닥(piece)을 사용하여 화려함을 연출하였다.

8 전면(front)의 시뇽(chignon)만들기

1 이어 투 이어(ear to ear)의 파트를 나누고 슬라이스(slice)를 0.5정도 삼각 베이스(base)로 20~30개의 기본을 만든다.

2 만들어놓은 가닥(ply)을 하나씩 없애면서 작업을 한다.

3 마지막 가닥까지 마무리 하면 아름다운 시뇽(chignon)이 만들어진다.

9 두 가닥(two piece) 엮기(plait wave)

두 가닥 엮기 Sketch

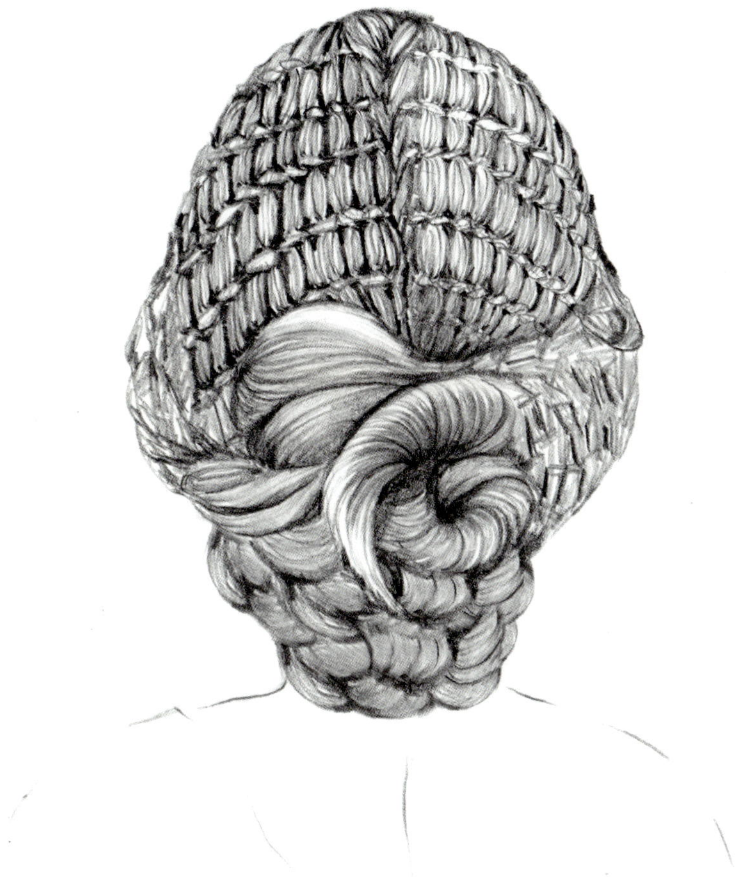

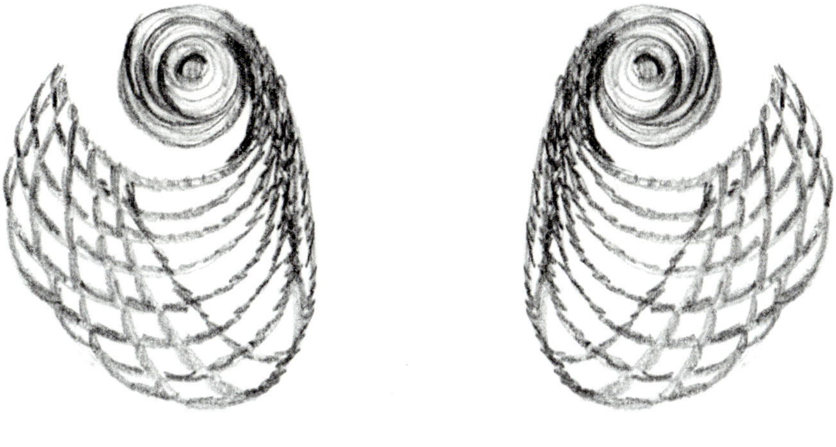

두 가닥 엮기 작업순서

그림 1

그림 2

1-1, 1-2 두 가닥(two piece)을 두발(hair)사이에 넣고 엮기(plait wave)를 한다.

전면은 그물(chignon) 스타일로 엮고 끝부분의 두발(hair)은 리버즈 컬(reverse curl) 로 만들어 핀을 꼽는다.

후면의 두발은 볼륨을 살려 좌측과 우측의 만들어 놓은 작품을 마무리하고 가닥을 꼽아준다.

10 땋기(braiding)의 변형

1 이어 투 이어(ear too ear)의 두발(hair)을 앞(front)과 뒤(back)로 분리해 놓고 후면(back)의 두발(hair)은 포니테일(ponytail)로 묶음처리하고 10가닥으로 나누어 땋기(braid)를 한다. 땋은 두발이 풀어지지 않게 백 코밍(back comb)하고 하나씩 두상에 대고 핀을 꼽는다. 목선(nape)부분에 두발로 꽃을 만들어 마무리(comb out)한다.

2 앞에 남겨 논 머리카락을 가늘게 한 올씩 집어 땋기(braid)를 하고 끝부분은 백 코밍(back comb)하여 리버즈 컬(reverse curl)로 마무리(comb out)한다.

11 얼뜨기(half wit) 2

얼뜨기 2 Sketch

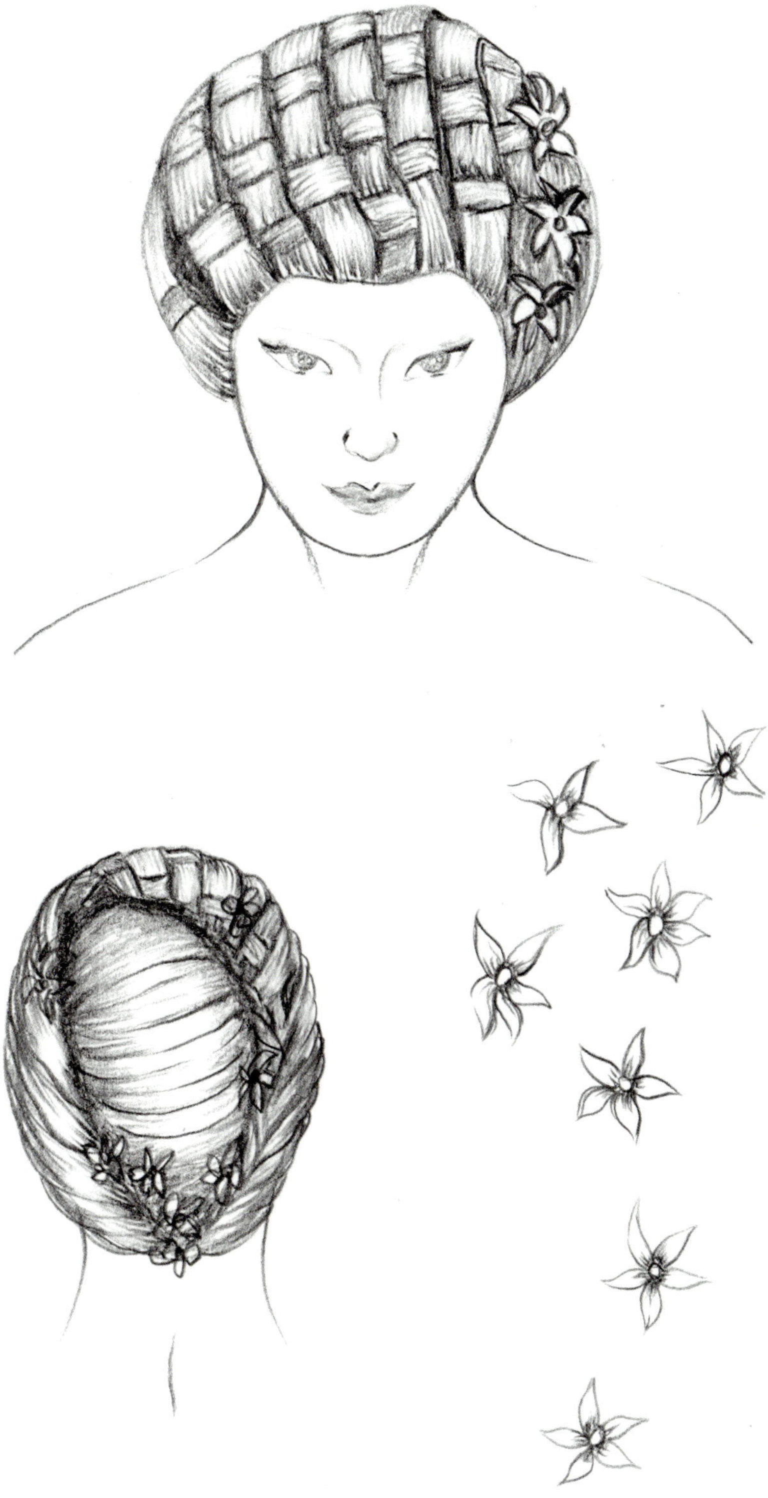

얼뜨기(half wit) 2 작업순서

그림 1

그림 2

1-1, 1-2 전면(front) 좌측(left) 파트의 두발(hair)을 빗 꼬리로 2cm씩 뜨기를 한다.

다 뜨고 난 후 후면(back)으로 연결하고 핀(pin)을 꼽는다.

후면(back) 중앙의 두발(hair)은 한쪽방향으로 빗질하고 헤어라인(hair lline)의 두발(hair)을 좌측(left)은 우측(right)에 핀(pin)을 꼽아주고 우측(right)의 두발(hair)은 좌측(left)에 핀을 꼽아 마무리(com out)한다.

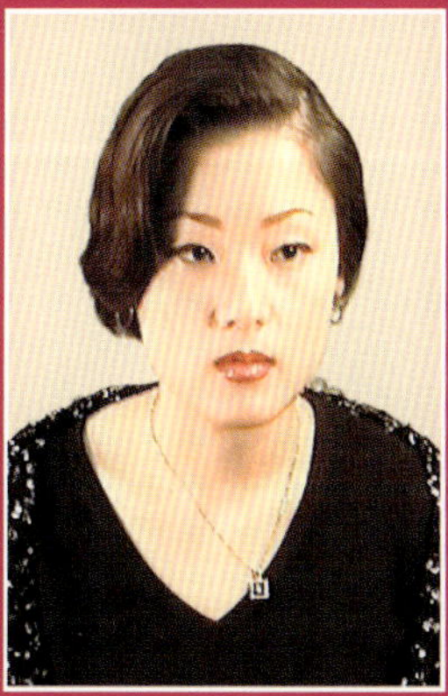

C

루프 만들기

1 회전(rolling)식 만들기

앞의 프린지(fringe)를 만들어 얼굴(face)이 작아보이게 만들었다.

측면의 스타일이(style)다. 후면중앙(back center)의 옆이 보여주는 형이다.

회전식 만들기 Sketch

작업과정 Check List

주제 : 회전식 만들기

작업 단계	작 업 내 용	그림보기
준비단계	1. 헤어라인을 4~5cm 남겨놓고 두발의 중심을 빗질 하여 회전(rolling)한다.	그림 1
	2. 회전(rolling)하여 만든 가닥(piece)을 목선 중심에 돌려서 핀을 꼽는다.	그림 2
	3. 좌측(left)두발(hair)을 한 가닥 잡아서 회전(rolling)시켜 텐션(tension)을 풀어서 놓는다.	그림 3
	4. 우측(right)의 두발(hair)가닥(piece)도 회전(rolling)해서 마들어 놓은 위치에 놓는다.	그림 4
중간단계	5. 회전(rolling)시킨 가닥(piece)을 가지고 중심을 마들어 놓은 옆에 핀을 꼽는다.	그림 5
	6. 다른 가닥(piece)도 잡아서 같은 방법으로 한다.	그림 6
	7. 후면(의 두발가닥(hair piece) 잡기를 하여 손가락에 두발(hair)을 잡아 핀을 꼽는다.	그림 7
	8. 후면의 두발가닥(hair piece) 을 회전(rolling)시켜 마지막으로 핀을 꼽는다.	그림 8
마무리단계	9. 회전(rolling)해서 만든 두발가닥(hair piece)을 리버즈 컬(reverse cull)로 감는다.	그림 9
	10. 감은 두발(hair)을 귀선위에 놓고 핀을 꼽아 마무리(comb out)한다.	그림 10
	11. 좌측(left)의 두발가닥(hair ply)을 우측(right)의 가닥과 같은 방법으로 한다.	그림 11
	12. 마무리(comb out) 두발가닥(hair piece)을 핀을 꼽아 정리한다.	그림 12
	13. 회전(rolling)식 스타일의 후면과 측면(left)의 마무리(comb out)다. 젊은에게 잘 어울리는 형이며 약혼이나, 돌, 결혼식, 회갑연, 어느 장소에도 무난하다.	그림 13-1 그림 13-2

준비물
- 필기도구 : 노트, 펜
- 작업도구 : 핀, 빗, 스프레이, 피스
- 학습도구 : 가발

회전식 만들기 작업순서

그림 1

1 헤어라인을 4~5cm 남겨놓고 두발의 중심을 빗질하여 회전(rolling)한다.

그림 2

2 회전(rolling)하여 만든 가닥(piece)을 목선 중심에 돌려서 핀을 꼽는다.

그림 3

3 좌측(left) 두발(hair)을 한 가닥 잡아서 회전(rolling)시켜 텐션 (tension)을 풀어서 놓는다.

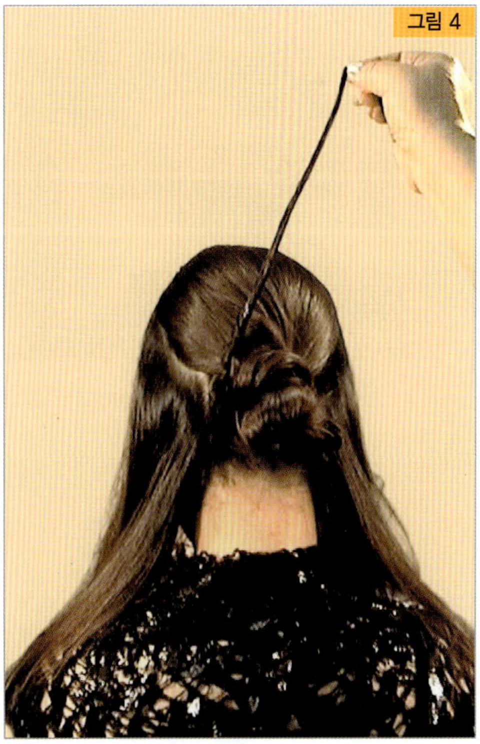

그림 4

4 우측(right)의 두발(hair)가닥(piece)도 회전(rolling)해서 만들어 놓은 위치에 놓는다.

회전식 만들기 작업순서

그림 5

5 회전(rolling)시킨 가닥(piece)을 가지고 중심을 마들어 놓은 옆에 핀을 꼽는다.

그림 6

6 다른 가닥(piece)도 잡아서 같은 방법으로 한다.

그림 7

7 후면(의 두발가닥(hair piece) 잡기를 하여 손가락에 두발(hair)을 잡아 핀을 꼽는다.

그림 8

8 후면의 두발가닥(hair piece)을 회전(rolling)시켜 마지막으로 핀을 꼽는다.

회전식 만들기 작업순서

그림 9

9

회전(rolling)해서 만든 두발가닥 (hair piece)을 리버즈 컬 (reverse cull)로 감는다.

그림 10

10

감은 두발(hair)을 귀선위에 놓고 핀을 꼽아 마무리(comb out)한다.

그림 11

11

좌측(left)의 두발가닥(hair ply)을 우측(right)의 가닥과 같은 방법으로 한다.

그림 12

12

마무리(comb out) 두발가닥 (hair piece)을 핀을 꼽아 정리한다.

회전식 만들기 작업순서

그림 13-1

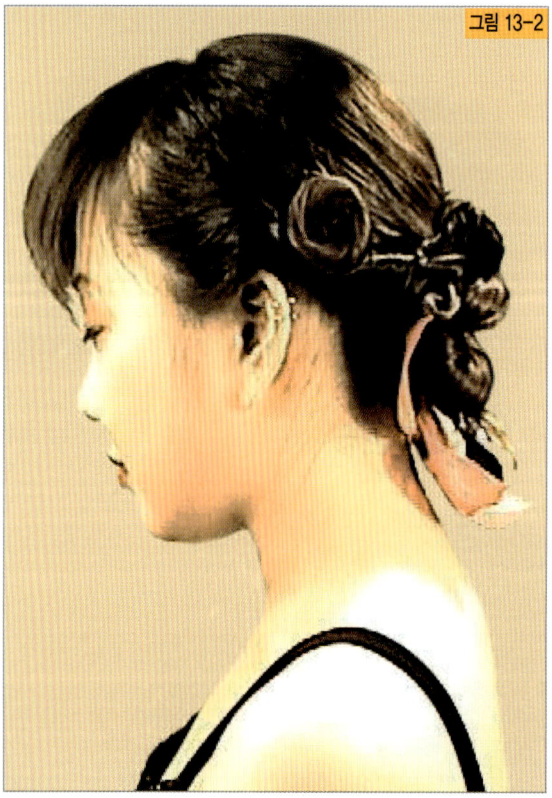
그림 13-2

13 회전(rolling)식 스타일의 후면과 측면(left)의 마무리(comb out)다. 젊은이에게 잘 어울리는 형이며 약혼이나, 돌, 결혼식, 회갑연, 어느 장소에도 무난하다.

작업과정 평가 Check List

주제 : 회전식 만들기

작업 단계	작 업 내 용	작품 수준		
		상	중	하
준비단계	1. 헤어라인을 4~5cm 남겨놓고 두발의 중심을 빗질 하여 회전(rolling)한다.			
	2. 회전(rolling)하여 만든 가닥(piece)을 목선 중심에 돌려서 핀을 꼽는다.			
	3. 좌측(left)두발(hair)을 한 가닥 잡아서 회전(rolling)시켜 텐션(tension)을 풀어서 놓는다.			
	4. 우측(right)의 두발(hair)가닥(piece)도 회전(rolling)해서 마들어 놓은 위치에 놓는다.			
중간단계	5. 회전(rolling)시킨 가닥(piece)을 가지고 중심을 마들어 놓은 옆에 핀을 꼽는다.			
	6. 다른 가닥(piece)도 잡아서 같은 방법으로 한다.			
	7. 후면(의 두발가닥(hair piece) 잡기를 하여 손가락에 두발(hair)을 잡아 핀을 꼽는다.			
	8. 후면의 두발가닥(hair piece) 을 회전(rolling)시켜 마지막으로 핀을 꼽는다.			
마무리단계	9. 회전(rolling)해서 만든 두발가닥(hair piece)을 리버즈 컬(reverse cull)로 감는다.			
	10. 감은 두발(hair)을 귀선위에 놓고 핀을 꼽아 마무리(comb out)한다.			
	11. 좌측(left)의 두발가닥(hair ply)을 우측(right)의 가닥과 같은 방법으로 한다.			
	12. 마무리(comb out) 두발가닥(hair piece)을 핀을 꼽아 정리한다.			
	13. 회전(rolling)식 스타일의 후면과 측면(left)의 마무리(comb out)다. 젊은에게 잘 어울리는 형이며 약혼이나, 돌, 결혼식, 회갑연, 어느 장소에도 무난하다.			

MEMO

2 C자 만들기

C자 만들기 Sketch

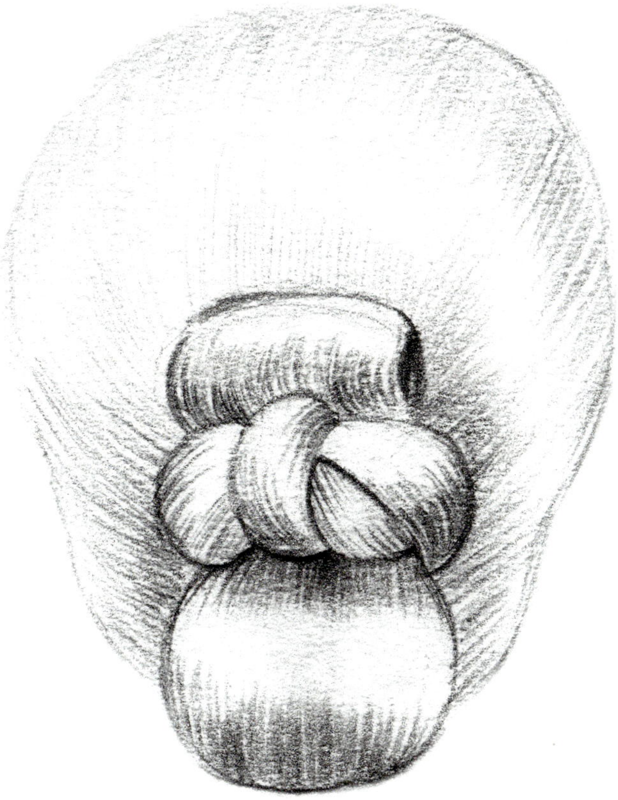

작업과정 Check List

주제 : C자 만들기

작업단계	작 업 내 용	그림보기
준비단계	1. 헤어라인(hair line)을 남겨놓고 후면 중앙의 중심두발(hair)을 백 코밍(back combing) 넣어 수반을 만들어 놓는다. 그리고 커트하고 버린 두발을 그물(net) 에 넣고 스프레이를 뿌려 만든 가닥을 묶은 두발 위치에 넣고 핀을 꼽는다.	그림 1-1 그림 1-2
	2. 사이드 파트(Side pate)에서 목선(Nape)까지의 헤어라인(Hair line)을 4~5cm를 U자형으로 나눈다. 후면 중심의 두발(Hair)을 백 코밍(back combing)을 넣어 곱게 빗질하여 포니테일(pony tailr)로 묶는다. 두발(Hair) 꼬리를 백 코밍(back combing)을 넣어 크고 작은 조화를(symmetry)을 만든다. 그리고 좌측파트를 3등분으로 나뉘어 하나를 백 코밍(back combing)을 넣어 시자를 만들어 핀을 꼽는다. 나머지 두 단도 같은 방법으로 마무리 한다.	그림 2-1 그림 2-2
중간단계	3. 우측(right)파트도 좌측(left)파트와 같은 방법으로 한다. 손놀림을 잘 보면서 따라서 만들어 본다.	그림 3-1 그림 3-2
	4. 측면의 완성과 정면의 완성을 볼 수 있다. C.자의 연결은 비대층(symmetry)을 만들어 주기도하고 웨이브(wave)를 만들어준 어느 파티에도 무난하다.	그림 4-1 그림 4-2
마무리단계	5. 우측(right)면과 좌측(left)의 완성작품이다. 자연(Natural)스럽고 지적인 형의 업스타일(up style)이다.	그림 5-1 그림 5-2
	6. 후면의 완성과 측면의 완성작이다. 옛 조상들의 낭자의 변형이다. 아주 손쉽게 만들 수 있는 다운 형의 업이다.	그림 6-1 그림 6-2
	7. 측면의 완성작 마무리 형이다.	그림 7
	8. 후면의 완성작 마무리 형이다.	그림 8

준비물

- 필기도구 : 노트, 펜
- 작업도구 : 핀, 빗, 스프레이, 피스
- 학습도구 : 가발

C자 만들기 작업순서

그림 1-1

그림 1-2

1-1, 1-2 헤어라인(hair line)을 남겨놓고 뒤면 중앙의 중심두발(hair)을 백 코밍(back combing) 넣어 수반을 만들어 놓는다. 그리고 커트하고 버린 두발을 그물(net)에 넣고 스프레이를 뿌려 만든 가닥을 묶은 두발 위치에 넣고 핀을 꼽는다.

그림 2-1

그림 2-2

2-1, 2-2 사이드 파트(Side pate)에서 목선(Nape)까지의 헤어라인 (Hair line)을 4~5cm를 U자형으로 나눈다. 후면 중심의 두발(Hair)을 백 코밍(back combing)을 넣어 곱게 빗질하여 포니테일(pony tailr)로 묶는다. 두발(Hair) 꼬리를 백 코밍(back combing)을 넣어 크고 작은 조화를(symmetry)을 만든다. 그리고 좌측 파트를 3등분으로 나눠어 하나를 백 코밍(back combing)을 넣어 시자를 만들어 핀을 꼽는다. 나머지 두 단도 같은 방법으로 마무리 한다.

C자 만들기 작업순서

그림 3-1

그림 3-2

3-1, 3-2 우측(right) 파트도 좌측(left) 파트와 같은 방법으로 한다. 손놀림을 잘 보면서 따라서 만들어 본다.

그림 4-1

그림 4-2

4-1, 4-2 측면의 완성과 정면의 완성을 볼 수 있다. C자의 연결은 비대층(symmetry)을 만들어 주기도하고 웨이브(wave)를 만들어준 어느 파티에도 무난하다.

C자 만들기 작업순서

그림 5-1

그림 5-2

5-1, 5-2 우측(right)면과 좌측(left)의 완성작품이다.
자연(Natural)스럽고 지적인 형의 업스타일(up style)이다.

그림 6-1

그림 6-2

6-1, 6-2 후면의 완성과 측면의 완성작이다.
옛 조상들의 낭자의 변형이다. 아주 손쉽게 만들 수 있는 다운 형의 업이다.

C자 만들기 작업순서

그림 7

7 측면의 완성작 마무리 형이다.

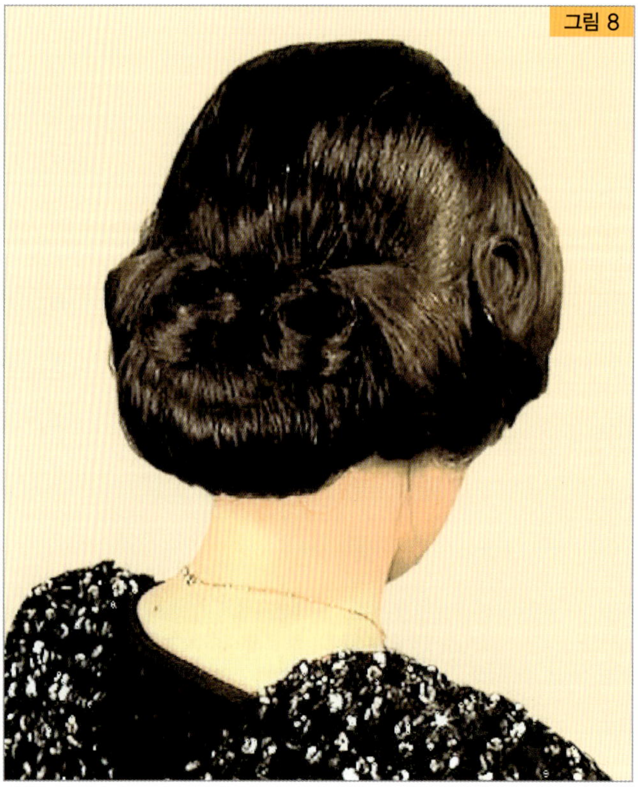

그림 8

8 후면의 완성작 마무리 형이다.

작업과정 평가 Check List

주제 : C자 만들기

작업단계	작 업 내 용	작품 수준		
		상	중	하
준비단계	1. 헤어라인(hair line)을 남겨놓고 후면 중앙의 중심두발(hair)을 백 코밍(back combing) 넣어 수반을 만들어 놓는다. 그리고 커트하고 버린 두발을 그물(net) 에 넣고 스프레이를 뿌려 만든 가닥을 묶은 두발 위치에 넣고 핀을 꼽는다.			
	2. 사이드 파트(Side pate)에서 목선(Nape)까지의 헤어라인(Hair line)을 4~5cm를 U자형으로 나눈다. 후면 중심의 두발(Hair)을 백 코밍(back combing)을 넣어 곱게 빗질하여 포니테일(pony tailr)로 묶는다. 두발(Hair) 꼬리를 백 코밍(back combing)을 넣어 크고 작은 조화를(symmetry)을 만든다. 그리고 좌측파트를 3등분으로 나뉘어 하나를 백 코밍(back combing)을 넣어 시자를 만들어 핀을 꼽는다. 나머지 두 단도 같은 방법으로 마무리 한다.			
중간단계	3. 우측(right)파트도 좌측(left)파트와 같은 방법으로 한다. 손놀림을 잘 보면서 따라서 만들어 본다.			
	4. 측면의 완성과 정면의 완성을 볼 수 있다. C.자의 연결은 비대층(symmetry)을 만들어 주기도하고 웨이브(wave)를 만들어준 어느 파티에도 무난하다.			
마무리단계	5. 우측(right)면과 좌측(left)의 완성작품이다. 자연(Natural)스럽고 지적인 형의 업스타일(up style)이다.			
	6. 후면의 완성과 측면의 완성작이다. 옛 조상들의 낭자의 변형이다. 아주 손쉽게 만들 수 있는 다운 형의 업이다.			
	7. 측면의 완성작 마무리 형이다.			
	8. 후면의 완성작 마무리 형이다.			

MEMO

3 밑에 C자 만들기

모델의 두발(hair)을 풀어서 다른 작품을 만들어 보기로 한다. 우측(right)의 코너로 빗질을 곱게 하여 묶음 처리한다. 그리고 사이드에서 시자모양으로 돌려서 좌측(left)의 코너에 핀(pin)을 꼽아 마무리(com out)한다.

밑에 C자 만들기 Sketch

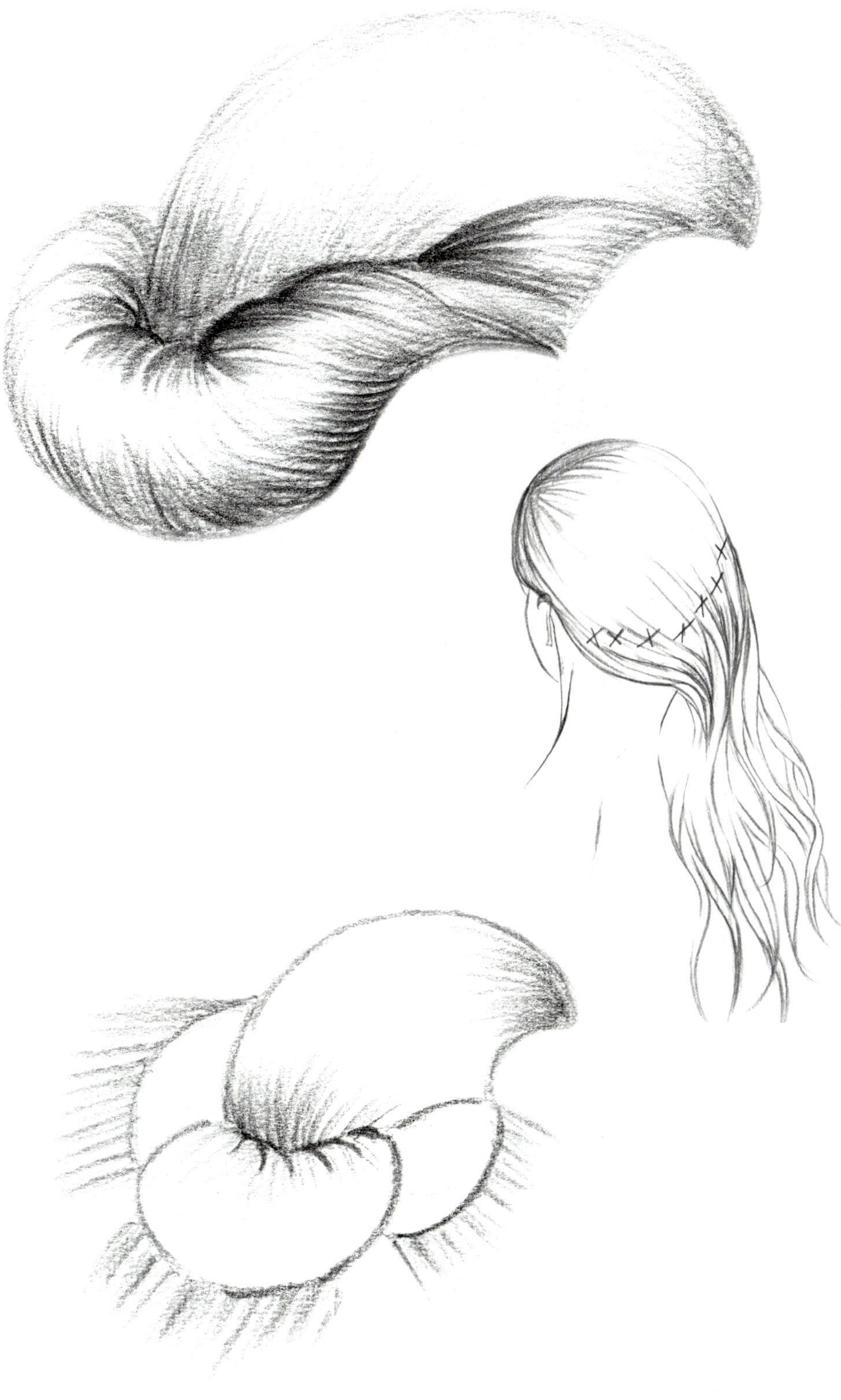

4 소라 형 (Shell form) 변형스타일

이작품은 영화배우 비하이브가 즐겨했던 스타일로 조개를 연상하면서 만들었던 작품 좌측과 우측의 두발을 엇갈려 올리고 피스를 꼽아줌

소라 형 변형스타일 Sketch

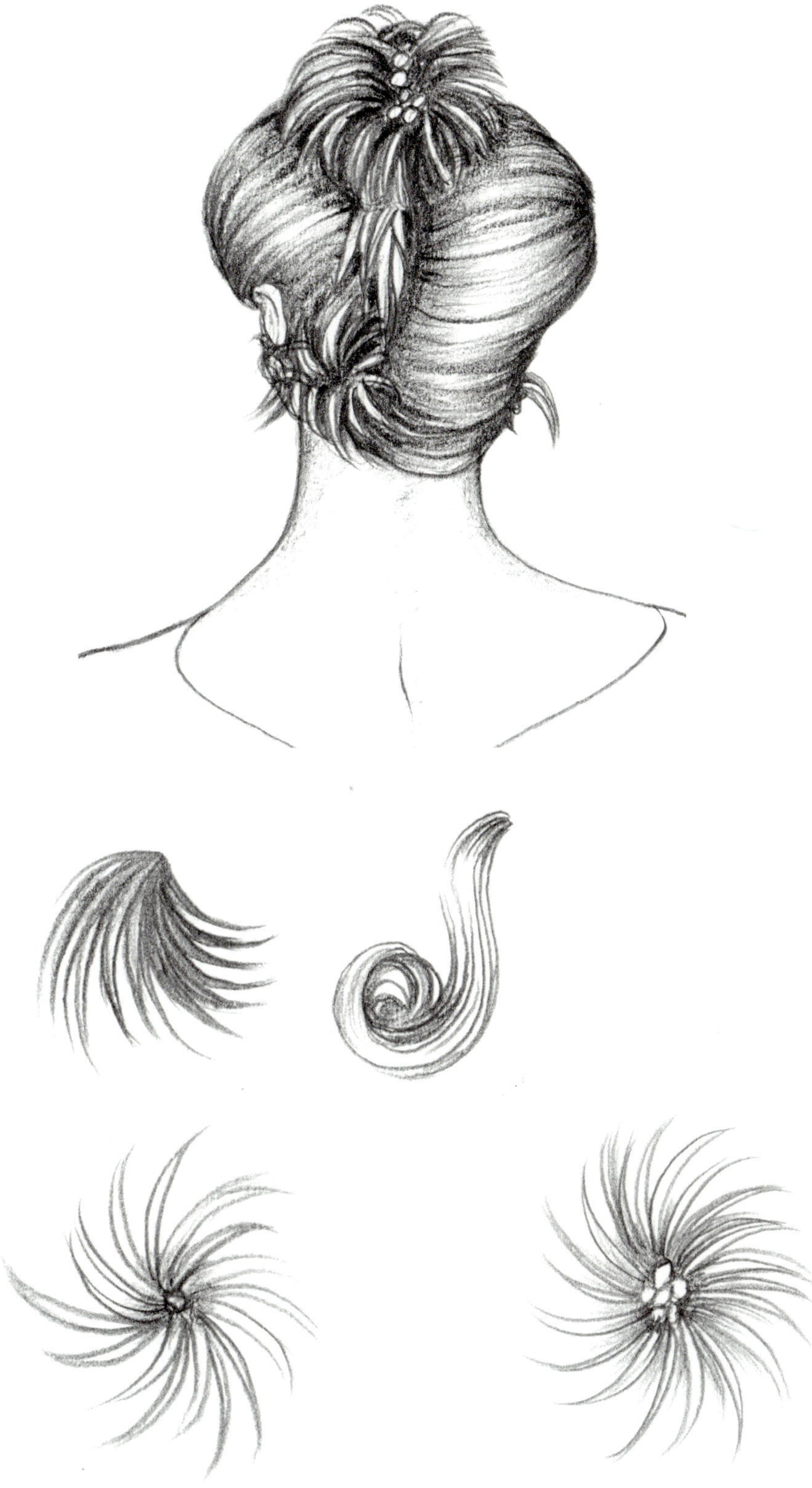

소라 형 (Shell form) 변형스타일 작업순서

그림 1-1

그림 1-2

1-1, 1-2 피스(piece)를 미리 준비하고 업스타일(up style)을 만든 후 약점 부분에 꼽아서 마무리(com out) 처리한다.

그림 2-1

그림 2-2

2-1, 2-2 한사람의 모델을 다른 형으로 만들기 한 좌측(left)의 두발(hair)은 톱 방향으로 돌려서 핀(pin)을 꼽아 만들어 놓고 우측(right)의 두발(hair)다발은 밑으로 돌려서 목선(neck line) 코너에 꼬아서 만든다.

5 다운 업스타일(up styler)

전채의 두발(hair)을 매끄럽게 빗어 목선(nape)에 포니태일(pony tail)로 묶음 처리한다. 끝에 두발(hair)은 백 코밍(back comb)을 하여 많이 부풀게 넣어 빗질하고 핀을 꼽는다. 만들어 놓은 피스(piece)를 약점 부분에 꼽아 핀으로 마무리(comb out)한다.

6 3단계 루프(roof)만들기

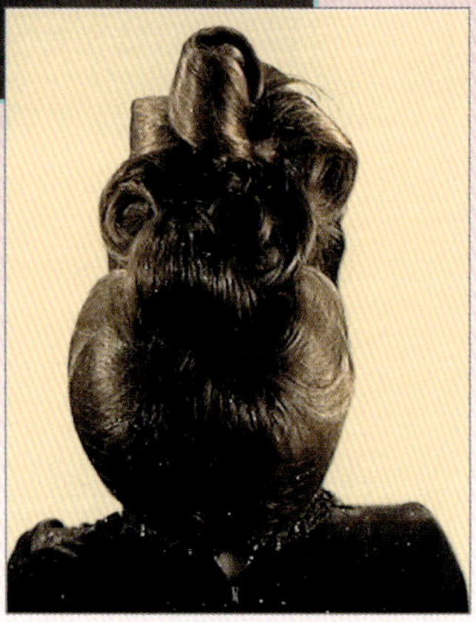

3단계 루프 만들기 Sketch

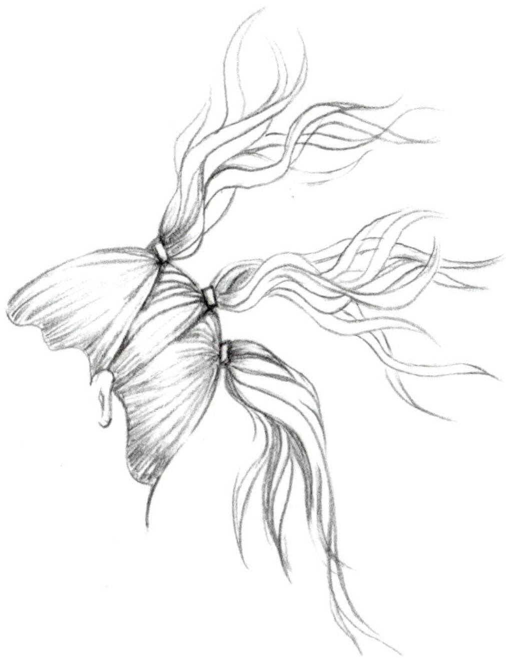

작업과정 Check List

주제 : 3단계 루프 만들기

작업 단계	작 업 내 용	그림보기
준비단계	1. 이어 투 이어(Ear to Ear)를 포니테일(ponytail)로 묶어놓고 두 번째 크레스트(crest area)부분도 묶는다. 후면중앙(back point)도 묶음 처리한다.	그림 1
	2. 마지막 묶음 처리한 두발(hair)을 백 코밍(back combing) 하여 반달(half moon)모양으로 만들어 논다.	그림 2
	3. 크레스트(crest area)에 묶어놓은 두발(hair)을 백 코밍(back combing)하여 원형(roof)을 만들어 핀(pin)을 꼽는다.	그림 3
중간 단계	4. 마지막 묶어놓은 두발을 5등분 한다.	그림 4-1 그림 4-2 그림 4-3
마무리 단계	5. 마지막 톱(top)의 두발(hair)을 원형(roof)을 만들어 핀(pin)을 꼽아주며 주로 U핀(pin)을 꼽아 마무(comb out)리 한다. 우아하고 품이 있어 보이는 형이다.	그림 5

준비물

- 필기도구 : 노트, 펜
- 작업도구 : 핀, 빗, 스프레이, 피스, 그물
- 학습도구 : 가발

MEMO

3단계 루프 만들기 작업순서

1

이어 투 이어(Ear to Ear)를 포니테일(ponytail)로 묶어놓고 두 번째 크레스트(crest area)부분도 묶는다. 후면중앙(back point)도 묶음 처리한다.

2

마지막 묶음 처리한 두발(hair)을 백 코밍(back combing) 하여 반달(half moon) 모양으로 만들어 논다.

3

크레스트(crest area)에 묶어놓은 두발(hair)을 백 코밍(back combing)하여 원형(roof)을 만들어 핀(pin)을 꼽는다.

3단계 루프 만들기 작업순서

그림 4-1

4-1, 4-2, 4-3

마지막 묶어놓은 두발을 5등분 한다.

그림 4-2

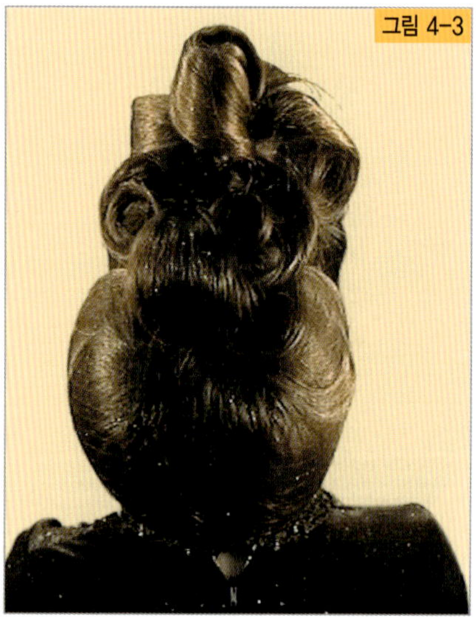
그림 4-3

그림 5

5

마지막 톱(top)의 두발(hair)을 원형(roof)을 만들어 핀(pin)을 꼽아주며 주로 U핀(pin)을 꼽아 마무(comb out)리 한다.
우아하고 품이 있어 보이는 형이다.

작업과정 평가 Check List

주제 : 3단계 루프 만들기

작업 단계	작 업 내 용	작품수준		
		상	중	하
준비단계	1. 이어 투 이어(Ear to Ear)를 포니테일(ponytail)로 묶어놓고 두 번째 크레스트(crest area)부분도 묶는다. 후면중앙(back point)도 묶음 처리한다.			
	2. 마지막 묶음 처리한 두발(hair)을 백 코밍(back combing) 하여 반달(half moon)모양으로 만들어 놓는다.			
	3. 크레스트(crest area)에 묶어놓은 두발(hair)을 백 코밍(back combing)하여 원형(roof)을 만들어 핀(pin)을 꼽는다.			
중간 단계	4. 마지막 묶어놓은 두발을 5등분 한다.			
마무리 단계	5. 마지막 톱(top)의 두발(hair)을 원형(roof)을 만들어 핀(pin)을 꼽아주며 주로 U핀(pin)을 꼽아 마무(comb out)리 한다. 우아하고 품이 있어 보이는 형이다.			

MEMO

7 톱(top)에 여러 가지 C자 만들기

톱에 여러 가지 C자 만들기 Sketch

작업과정 Check List

주제 : 톱에 여러가지 C자 만들기

작업 단계	작 업 내 용	그림보기
한가닥 C자형 만들기	1. 두발(hair)을 톱(top)에 포니테일(ponytail)로 묶는다.	그림 1
	2. 묶은 두발(hair)을 하나에 C자로 만들고 남은 두발(hair)끝도 C자로 마무리(comb out) 처리 한다.	그림 1
두가닥 C자형 만들기	3. 포니테일(Ponytail)로 묶은 두발(hair)을2/1로 나눈다.	그림 3
	4. 2/1로 나눈 두발(hair)을 전면에 만들어놓고 한 가닥은 후면(back)에 핀(pin)을 꼽고 마무리(comb out)한다.	그림 4-1 그림 4-2 그림 4-3
세가닥 C자형 만들기	5. 묶어놓은 두발(hair)을 3등분으로 나눈다	그림 5
	6. 전면(front)두상과 후면(back)두상의 두발(hair)을 C자로 만들고 중심의 두발(hair)을 높여서 핀(pin)을 꼽는다.	그림 6
다섯가닥 C자형 만들기	7. 다섯 가닥으로 나눈다. 앞에 한 가닥, 뒤에 한 가닥, 좌측의 두 발 가닥을 우측에 핀을 꼽고 우측의 두발가닥도 좌측에 꼽다.	그림 7-1 그림 7-2
마무리 단계	8. 전면(front)의 측면(side)과 후면(back)의 측면(side)의 마무리(Comb out))한 형이다.	그림 8-1 그림 8-2
	9. 전면(front)과 후면(back)의 마무리(comb out) 형이다. 작업이 끝나면 마음에 들지 않고 공간이 빈곳에서 만들어 논 가닥(piece)을 꼽아준다.	그림 9-1 그림 9-2

준비물

- 필기도구 : 노트, 펜
- 작업도구 : 핀, 빗, 스프레이, 피스, 빤짝이 분말
- 학습도구 : 가발

MEMO

톱에 여러가지 C자 만들기 작업순서

그림 1

한 가닥 C자형 만들기

1 두발(hair)을 톱(top)에 포니테일(ponytail)로 묶는다.

2 묶은 두발(hair)을 하나에 C자로 만들고 남은 두발(hair)끝도 C자로 마무리(comb out) 처리 한다.

그림 3

그림 4-1

그림 4-2

두 가닥 C자형 만들기

3 포니테일(Ponytail)로 묶은 두발(hair)을2/1로 나눈다.

4-1, 4-2 2/1로 나눈 두발(hair)을 전면에 만들어놓고 한 가닥은 후면(back)에 핀(pin)을 꼽고 마무리(comb out)한다.

톱에 여러가지 C자 만들기 작업순서

그림 5

그림 6

세 가닥 C자형 만들기

5 묶어놓은 두발(hair)을 3등분으로 나눈다.

6 전면(front)두상과 후면(back)두상의 두발(hair)을 C자로 만들고 중심의 두발(hair)을 높여서 핀(pin)을 꼽는다.

그림 7-1

그림 7-2

다섯 가닥 C자형 만들기

7 다섯 가닥으로 나눈다. 앞에 한 가닥, 뒤에 한 가닥, 좌측의 두발 가닥을 우측에 핀을 꼽고 우측의 두발가닥도 좌측에 꼽다.

톱에 여러가지 C자 만들기 작업순서

그림 8-1

그림 8-2

8-1, 8-2 전면(front)의 측면(side)과 후면(back)의 측면(side)의 마무리(Comb out))한 형이다.

그림 9-1

그림 9-2

9-1, 9-2 전면(front)과 후면(back)의 마무리(comb out) 형이다. 작업이 끝나면 마음에 들지 않고 공간이 빈곳에서 만들어 논 가닥(piece)을 꼽아준다.

작업과정 평가 Check List

주제 : 톱에 여러가지 C자 만들기

작업 단계	작 업 내 용	작품수준		
		상	중	하
한가닥 C자형 만들기	1. 두발(hair)을 톱(top)에 포니테일(ponytail)로 묶는다.			
	2. 묶은 두발(hair)을 하나에 C자로 만들고 남은 두발(hair)끝도 C자로 마무리(comb out) 처리 한다.			
두가닥 C자형 만들기	3. 포니테일(Ponytail)로 묶은 두발(hair)을2/1로 나눈다.			
	4. 2/1로 나눈 두발(hair)을 전면에 만들어놓고 한 가닥은 후면(back)에 핀(pin)을 꼽고 마무리(comb out)한다.			
세가닥 C자형 만들기	5. 묶어놓은 두발(hair)을 3등분으로 나눈다			
	6. 전면(front)두상과 후면(back)두상의 두발(hair)을 C자로 만들고 중심의 두발(hair)을 높여서 핀(pin)을 꼽는다.			
다섯가닥 C자형 만들기	7. 다섯 가닥으로 나눈다. 앞에 한 가닥, 뒤에 한 가닥, 좌측의 두발 가닥을 우측에 핀을 꼽고 우측의 두발가닥도 좌측에 꼽다.			
마무리 단계	8. 전면(front)의 측면(side)과 후면(back)의 측면(side)의 마무리(Comb out))한 형이다.			
	9. 전면(front)과 후면(back)의 마무리(comb out) 형이다. 작업이 끝나면 마음에 들지 않고 공간이 빈곳에서 만들어 논 가닥(piece)을 꼽아준다.			

MEMO

8 피스(piece)를 활용한 업스타일(up styler)

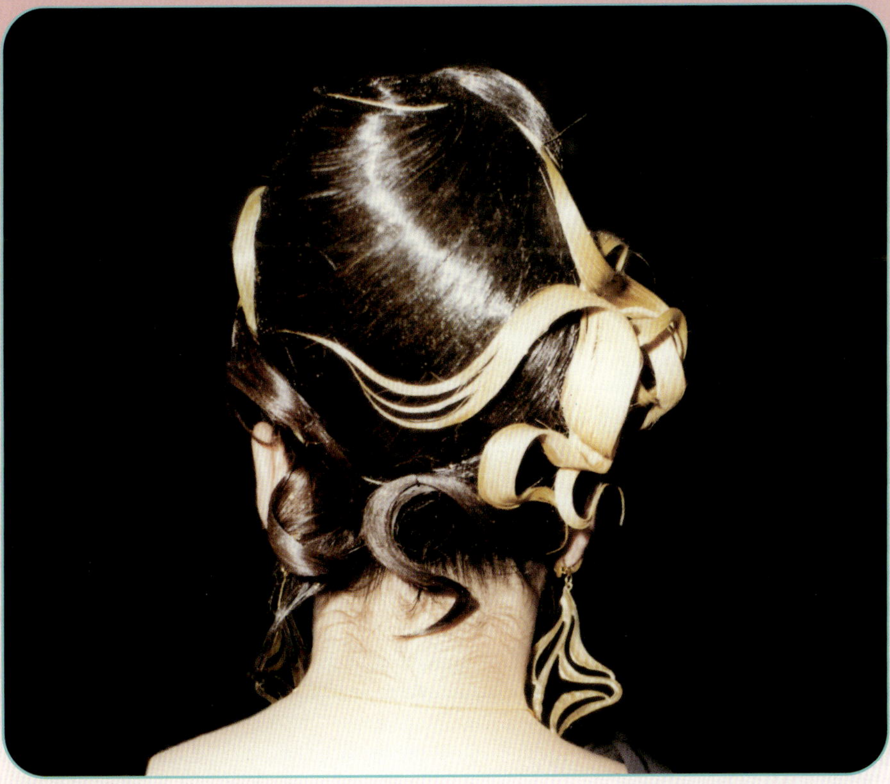

백 코밍(back combing) 하여 톱으로 올려 핀으로 고정하고 미리 준비한 피스(piece)를 약점부분에 꼽는다. 전면(front)과 후면(back)의 틀린 점은 앞에 두발(hair)은 두상(head)에 바짝 붙여 빗질한점

9 로 레인(low rain)형

로 레인형 Sketch

작업과정 Check List

주제 : 로 레인 형

작업단계	작 업 내 용	그림보기
준비단계	1. 헤어라인의 볼륨(hair line volume)형은 톱에서 4각으로 떠서 묶음 처리한다.	
	2. 그리고 전면(front)에서 백 코밍(back combing)하고 핀을 꼽는다.	
	3. 백 코밍(back combing)한 두발(hair)을 톱(top)으로 올려 빗는다.	
중간단계	4. 좌(left)우측(right)의 두발(hair)도 백 코밍(back combing)하여 매끄럽게 빗어 핀을 꼽아 마무리(comb out)한다.	
	5. 이어(Ear)투 이어(Ear) 선까지 전과 같은 방법으로 마무리(comb out)한다.	
	6. 목선(neck line)까지 같은 방법으로 핀(pin) 처리한다.	
마무리단계	7. 우측(right)의 작업이 끝나면 좌측(left)의 두발(hair)도 백 코밍(back combing)하여 곱게 빗질하여 핀(pin)을 꼽고 마무리(comb out)한다.	
	8. 우측(right)의 포니테일(ponytail)로 묶어놓은 공간에 인조 가닥(piece)을 꼽고 마무리(comb out)한다.	
	10. 다른 색 감각(sensation)으로 부족한 공간에 꼽는다.	
	11. 우측(right)의 마무리(comb out)와 전면의 모델 형이다. 색의 가닥(piece)은 어떤 파티에 따라 꼽지 않아도 된다.	

준비물

- 필기도구 : 노트, 펜
- 작업도구 : 핀, 빗, 스프레이, 피스, 분말 빤짝이
- 학습도구 : 가발

MEMO

로 레인 형 작업순서

1

헤어라인의 볼륨(hair line volume)형은 톱에서 4각으로 떠서 묶음 처리한다.

2

그리고 전면(front)에서 백 코밍 (back comb ing)하고 핀을 꼽는다.

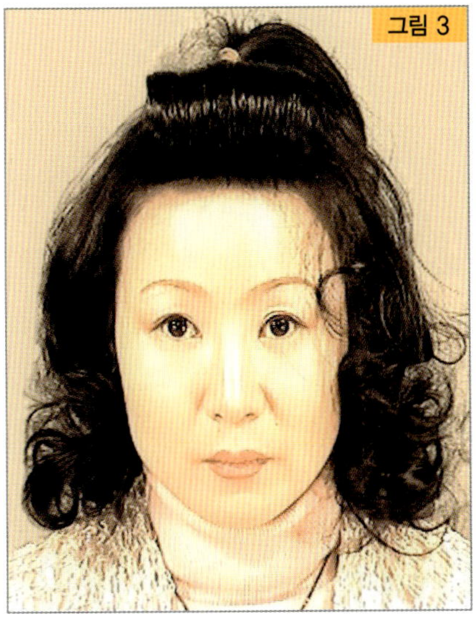

3

백 코밍(back comb ing)한 두발(hair)을 톱(top)으로 올려 빗는다.

로 레인 형 작업순서

그림 4

4

좌(left)우측(right)의 두발(hair)도 백 코밍(back combing)하여 매끄럽게 빗어 핀을 꼽아 마무리(comb out)한다.

그림 5

5

이어(Ear)투 이어(Ear) 선까지 전과 같은 방법으로 마무리(comb out)한다.

그림 6

6

목선(neck line)까지 같은 방법으로 핀(pin) 처리한다.

로 레인 형 작업순서

그림 7

7

우측(right)의 작업이 끝나면 좌측(left)의 두발(hair)도 백 코밍(back combing)하여 곱게 빗질하여 핀(pin)을 꽂고 마무리(comb out)한다.

그림 8

8

우측(right)의 포니테일(ponytail)로 묶어 놓은 공간에 인조 가닥(piece)을 꽂고 마무리(comb out)한다.

그림 9

9

후면(back)의 부족한 공간에 인조 피스(piece)를 꽂는다.

로 레인 형 작업순서

그림 10

10

다른 색 감각(sensation)으로 부족한 공간에 꼽는다.

그림 11-1

그림 11-2

11-1, 11-2

우측(right)의 마무리(comb out)와 전면의 모델 형이다. 색의 가닥(piece)은 어떤 파티에 따라 꼽지 않아도 된다.

작업과정 평가 Check List

주제 : 로 레인 형

작업 단계	작 업 내 용	작품수준		
		상	중	하
준비단계	1. 헤어라인의 볼륨(hair line volume)형은 톱에서 4각으로 떠서 묶음 처리한다.			
	2. 그리고 전면(front)에서 백 코밍(back combing)하고 핀을 꼽는다.			
	3. 백 코밍(back combing)한 두발(hair)을 톱(top)으로 올려 빗는다.			
중간단계	4. 좌(left)우측(right)의 두발(hair)도 백 코밍(back combing)하여 매끄럽게 빗어 핀을 꼽아 마무리(comb out)한다.			
	5. 이어(Ear)투 이어(Ear) 선까지 전과 같은 방법으로 마무리(comb out)한다.			
	6. 목선(neck line)까지 같은 방법으로 핀(pin) 처리한다.			
마무리단계	7. 우측(right)의 작업이 끝나면 좌측(left)의 두발(hair)도 백 코밍(back combing)하여 곱게 빗질하여 핀(pin)을 꼽고 마무리(comb out)한다.			
	8. 우측(right)의 포니테일(ponytail)로 묶어놓은 공간에 인조 가닥(piece)을 꼽고 마무리(comb out)한다.			
	10. 다른 색 감각(sensation)으로 부족한 공간에 꼽는다.			
	11. 우측(right)의 마무리(comb out)와 전면의 모델 형이다. 색의 가닥(piece)은 어떤 파티에 따라 꼽지 않아도 된다.			

MEMO

10 프린지(fringe) 뱅(bang) 만들기

프린지 뱅 만들기 Sketch

프린지(fringe) 뱅(bang) 만들기 작업순서

그림 1-1

그림 1-2

1-1, 1-2 프린지(fringe) 뱅(bang)을 만들기 위해 세팅을 하여 뱅(bang)을 만들고 미리 준비한 가닥(piece)을 웨이브(wave)의 공간사이에 꽂는다.

그림 2-1

그림 2-2

2-1, 2-2 우측(right)의 웨이브(wave)와 좌측(left)의 웨이브(wave)의 형이다.

프린지(fringe) 뱅(bang) 만들기 작업순서

그림 3

3 프린지(fringe) 뱅(bang)의 우측(right)과 좌측(left)의 전면(front face)형이다.

그림 4

4 좌측(left)과 우측(right)의 웨이브(wave)를 만들어 마무리(comb out)한 형이다.

11 S 컬 만들기

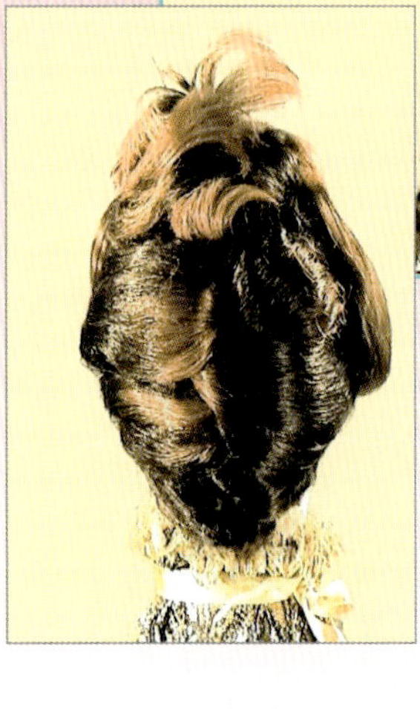

S 컬 만들기 Sketch

S 컬 만들기 작업순서

1 끝에서 약 5~7cm를 브리지(bridge) 7레벨로 빼고 오렌지색의 컬러를 만들어 세팅(setting)하여 S컬을 만들어 핀을 꼽는다.

S 컬 만들기 작업순서

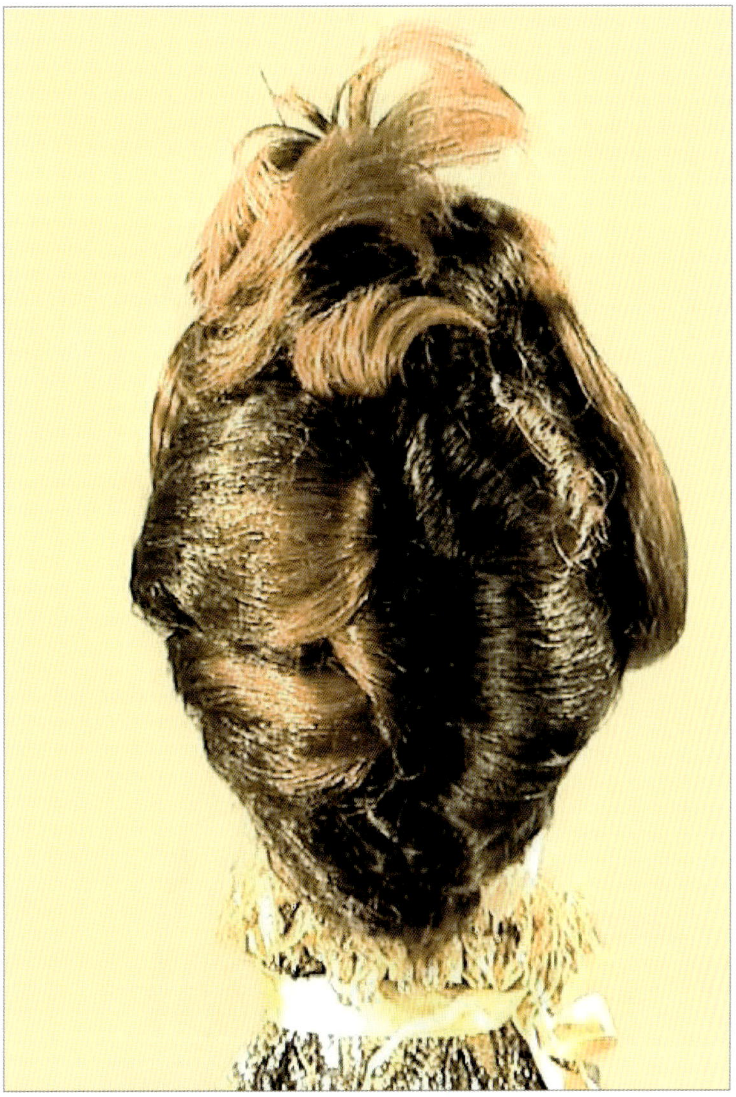

2 후면(back)을 수직(vertical)으로 반을 가르고 좌측(left)의 두발(hair)을 C자로 만들어 핀(pin)을 꼽고 우측 (right)의 두발(hair)도 좌측(left)과 같은 방법으로 만든다.

12 비하이브(beehive)(벌집형)

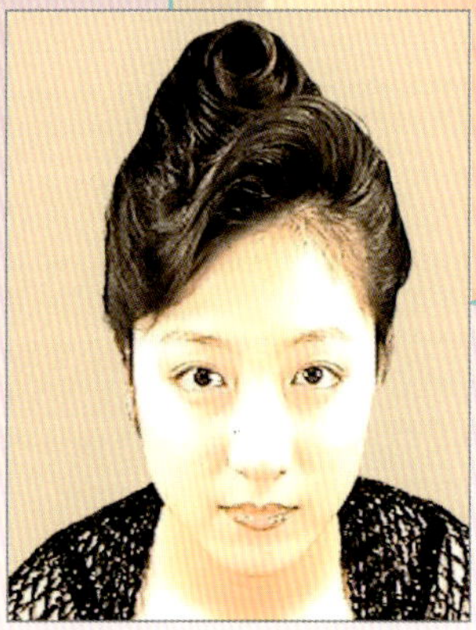

비하이브(벌집형) Sketch

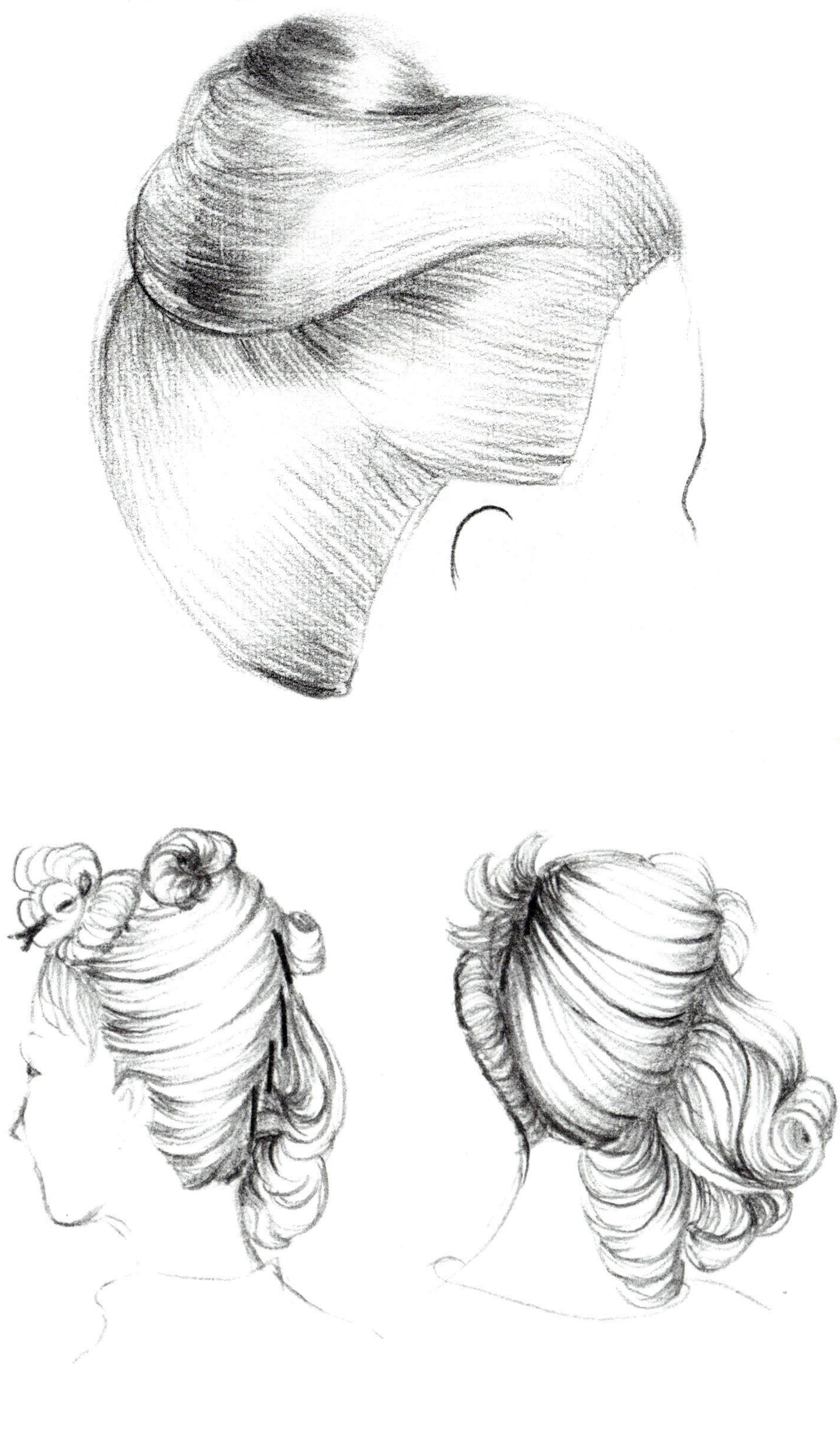

작업과정 Check List

주제 : 비하이브 (벌집형)

작업 단계	작 업 내 용	그림보기
준비단계	1. 고객의 두발(hair)을 세팅(setting)으로 좌측(left)과 우측(right) 전채의 감기(winding)를 한다.	그림 1-1 그림 1-2
	2. 세팅(setting)으로 감기(winding)하고 10분후. 풀어서 결과를 본다. 풀어놓은 전면(front)과 후면(back)의 마무리(comb out)를 한다.	그림 2
	3. 좌측(left)과 우측(right)의 마무리(comb out) 형이다.	그림 3
중간단계	4. 파트로 블록(block)을 나누고 후면(beck)중앙을 빙빙 돌린다.	그림 4
	5. 좌측(left)의 두발(hair)을 백 코밍(back combing)을 한다.	그림 5
	6. 좌측(left)의 백 코밍(beck combing)을 한 두발(hair)을 톱으로 올려 매끄럽게 빗질한다. 이 부분은 밀착시켜 핀이 보이도록 꼽는다.	그림 6-1 그림 6-2
마무리단계	7. 우측(right)의 두발(hair)또한 백 코밍(beck combing)면서 한 가닥씩 올 리면서 핀 컬 핀(pin curl pin)을 꼽는다.	그림 7-1 그림 7-2 그림 7-3
	8. 백 코밍(beck combing)을 할 때 두피에 3~4cm 깊이 집어 넣는다. 여기서 중요한점은 빗을 0도로 누어서 넣기를 한다. 그리고 끝부분만 빗질하여 핀으로 마무리 한다.	그림 8-1 그림 8-2 그림 8-3
	9. 한사람의 모델을 세 가지 작품을 연출했다. 세팅(setting)을 하고 풀어서 한 작품을 만들었고, 또 하나는 업(up)을 만든다.	그림 9

준비물

- 필기도구 : 노트, 펜
- 작업도구 : 핀, 빗, 스프레이, 피스, 세팅
- 학습도구 : 가발

MEMO

비하이브 (벌집형) 작업순서

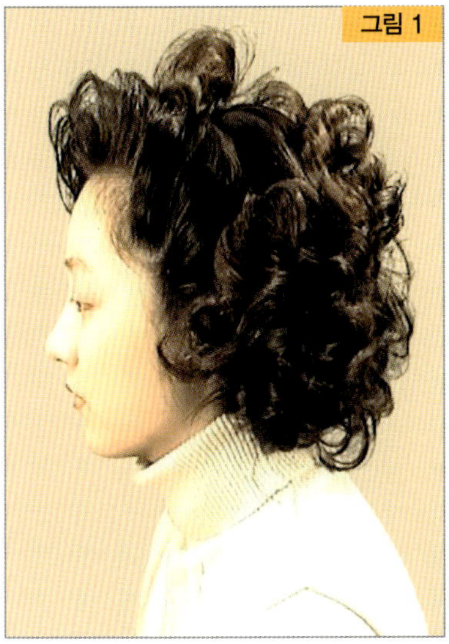
그림 1

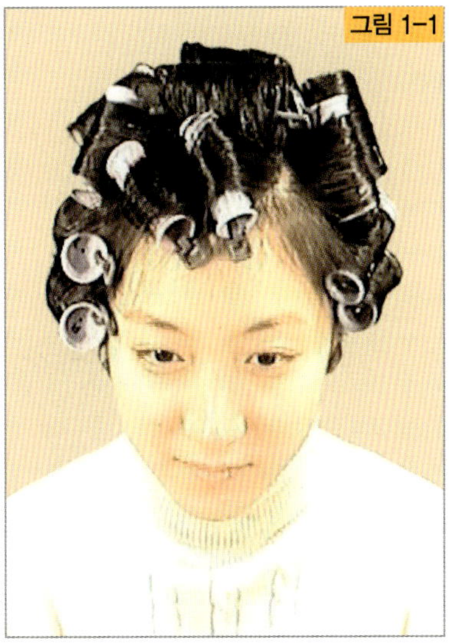
그림 1-1

1

고객의 두발(hair)을 세팅(setting)으로 좌측(left)과 우측(right) 전체의 감기(winding)를 한다.

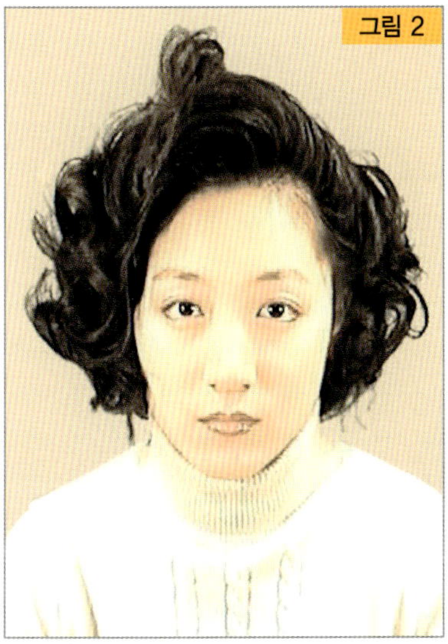
그림 2

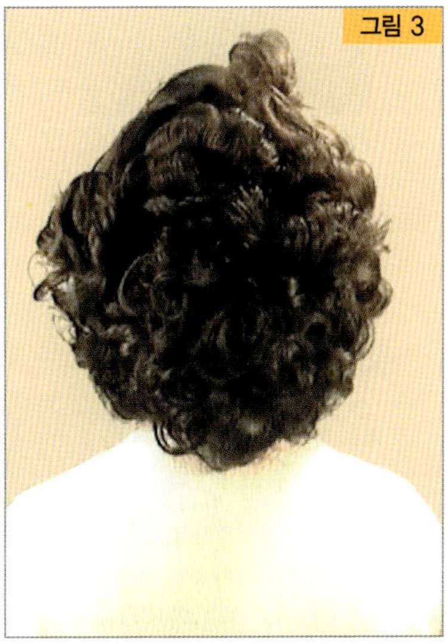
그림 3

2

세팅(setting)으로 감기(winding)하고 10분후. 풀어서 결과를 본다. 풀어놓은 전면(front)과 후면(back)의 마무리(comb out)를 한다.

3

좌측(left)과 우측(right)의 마무리(comb out) 형이다.

그림 4

그림 5

4

파트로 블록(block)을 나누고 후면(beck)중앙을 빙빙 돌린다.

5

좌측(left)의 두발(hair)을 백코밍(back combing)을 한다.

비하이브 (벌집형) 작업순서

그림 6-1

그림 6-2

6-1, 6-2 좌측(left)의 백 코밍(beck combing)을 한 두발(hair)을 톱으로 올려 매끄럽게 빗질한다. 이 부분은 밀착시켜 핀이 보이도록 꼽는다.

그림 7-1

그림 7-2

그림 7-3

7-1, 7-2, 7-3 우측(right)의 두발(hair)또한 백 코밍(beck combing)면서 한 가닥씩 올 리면서 핀 컬 핀(pin curl pin)을 꼽는다.

비하이브 (벌집형) 작업순서

그림 8-1

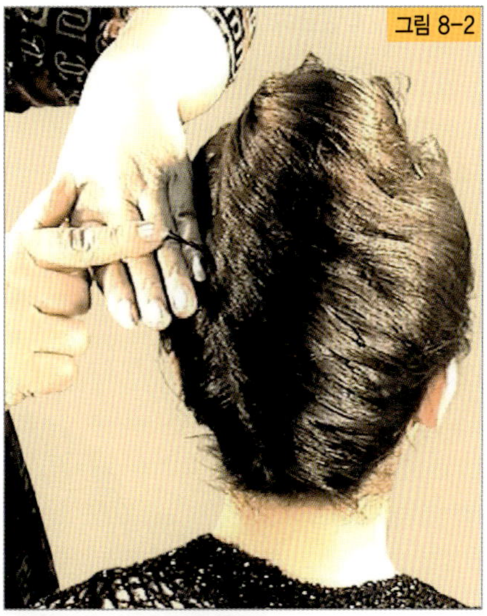

그림 8-2

그림 8-3

8-1, 8-2, 8-3 백 코밍(beck combing)을 할 때 두피에 3~4cm 깊이 집어넣는다. 여기서 중요한점은 빗을 0도로 누어서 넣기를 한다. 그리고 끝부분만 빗질하여 핀으로 마무리 한다.

비하이브 (벌집형) 작업순서

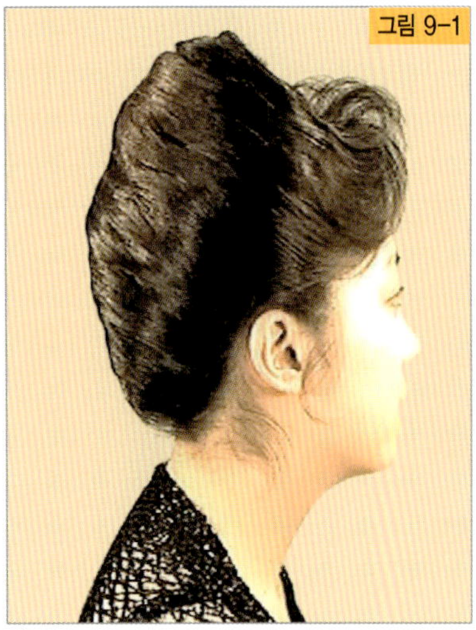
그림 9-1

9-1, 9-2, 9-3, 9-4

한사람의 모델을 세 가지 작품을 연출했다.
세팅(setting)을 하고 풀어서 한 작품을 만들었고, 또 하나는 업(up)을 만든다.

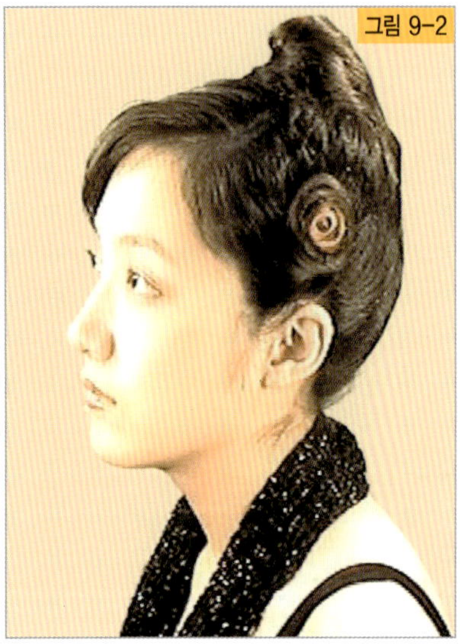
그림 9-2

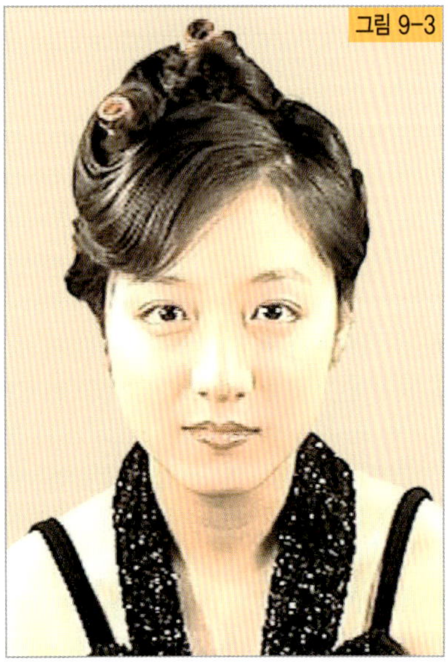
그림 9-3

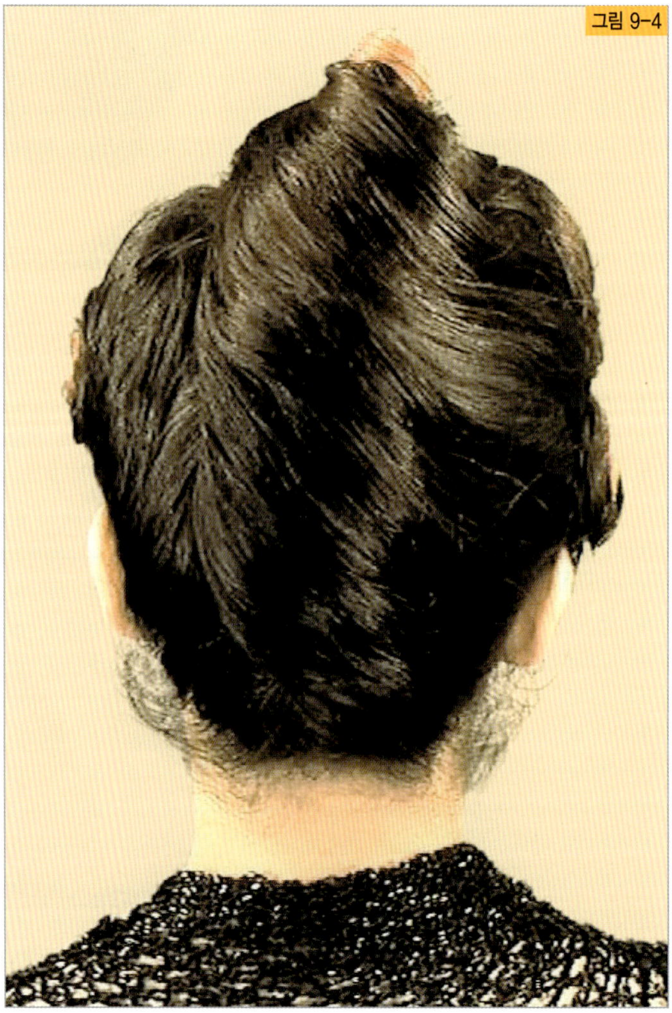
그림 9-4

작업과정 평가 Check List

주제 : 비하이브 (벌집형)

작업 단계	작 업 내 용	작품수준		
		상	중	하
준비단계	1. 고객의 두발(hair)을 세팅(setting)으로 좌측(left)과 우측(right) 전채의 감기(winding)를 한다.			
	2. 세팅(setting)으로 감기(winding)하고 10분후. 풀어서 결과를 본다. 풀어놓은 전면(front)과 후면(back)의 마무리(comb out)를 한다.			
	3. 좌측(left)과 우측(right)의 마무리(comb out) 형이다.			
중간단계	4. 파트로 블록(block)을 나누고 후면(beck)중앙을 빙빙 돌린다.			
	5. 좌측(left)의 두발(hair)을 백 코밍(back combing)을 한다.			
	6. 좌측(left)의 백 코밍(beck combing)을 한 두발(hair)을 톱으로 올려 매끄럽게 빗질한다. 이 부분은 밀착시켜 핀이 보이도록 꼽는다.			
마무리단계	7. 우측(right)의 두발(hair)또한 백 코밍(beck combing)면서 한 가닥씩 올 리면서 핀 컬 핀(pin curl pin)을 꼽는다.			
	8. 백 코밍(beck combing)을 할 때 두피에 3~4cm 깊이 집어 넣는다. 여기서 중요한점은 빗을 0도로 누어서 넣기를 한다. 그리고 끝부분만 빗질하여 핀으로 마무리 한다.			

MEMO

13 목선(neck)에서 낭자 변형

목선(neck)에서 낭자의 변형을 만들고, 마무리(comb out)에는 가닥(piece)을 꼽아 단정하고 예쁘게 마무리(comb out)를 한다. 어느 파티에도 세 가지 작품은 장소에 따라 변화하는 스타일로 만들어 낼 수 있다.

목선에서 낭자 변형 Sketch

14 젊은층의 광인(madman)형

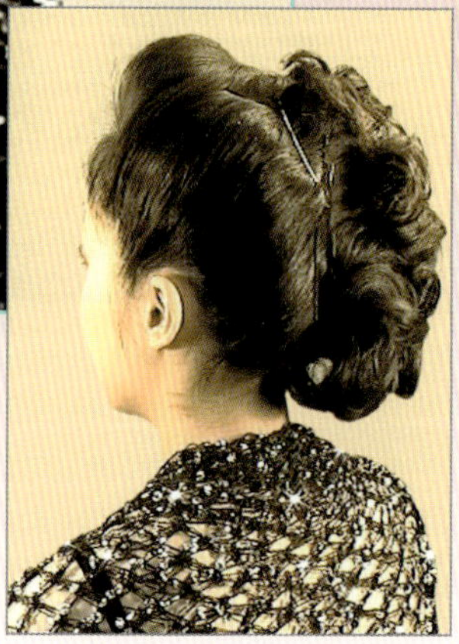

젊은층의 광인형 Sketch

작업과정 Check List

주제 : 젊은 층의 광인 형

작업단계	작 업 내 용	그림보기
준비단계	1. 좌측(left)과 우측(right)의 두발(hair)을 헤드에 바싹 붙여서 핀(pin)을 꼽고 핀(pin)이 보여도 상관없다.	그림 1-1 그림 1-2
중간단계	2. 후면(back)의 작업이 끝나면 톱(top)에 남은 두발(hair)을 한 가닥씩 백 코밍(back combing)한다.	그림 2-1 그림 2-2
마무리단계	3. 백 코밍(back combing)한 작품에 색 감각(sensation) 있는 가닥(piece)을 꼽아서 마무리(comb out)하며 특히 젊은 층에 잘 어울린다.	그림 3-1 그림 3-2
	4. 업(up)으로 올렸는데 목선(neck)의 두발(hair)이 삐져나올 수 있다. 그 부분을 억지로 올리지 말고 떨어진 부분을 살리는 방법도 고객의 개성에 따라 소화시킬 수 있다.	그림 4

준비물

- 필기도구 : 노트, 펜
- 작업도구 : 핀, 빗, 스프레이, 피스, 분말 빤짝이
- 학습도구 : 가발

MEMO

젊은 층의 광인 형 작업순서

1-1, 1-2 좌측(left)과 우측(right)의 두발(hair)을 헤드에 바싹 붙여서 핀(pin)을 꼽고 핀(pin)이 보여도 상관없다.

2-1, 2-2 후면(back)의 작업이 끝나면 톱(top)에 남은 두발(hair)을 한 가닥씩 백 코밍(back combing)한다.

젊은 층의 광인 형 작업순서

그림 3-1

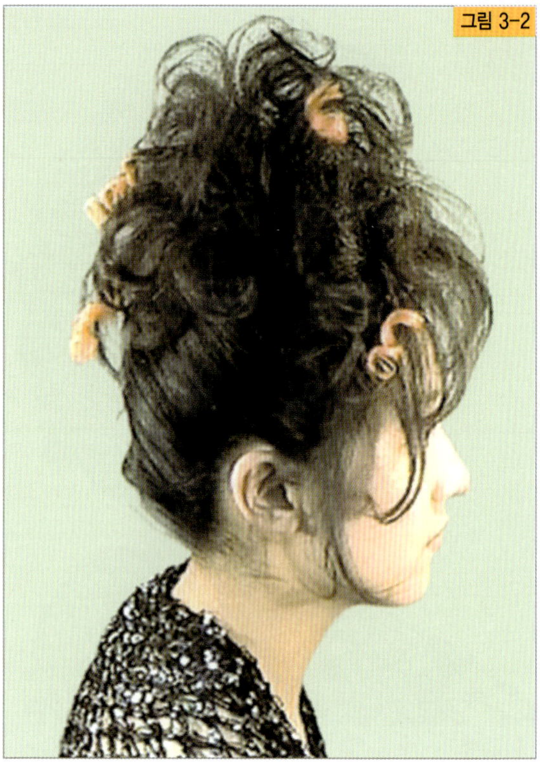
그림 3-2

3-1, 3-2 백 코밍(back combing)한 작품에 색 감각(sensation) 있는 가닥(piece)을 꼽아서 마무리(comb out)하며 특히 젊은 층에 잘 어울린다.

그림 4

4

업(up)으로 올렸는데 목선(neck)의 두발(hair)이 삐져나올 수 있다. 그 부분을 억지로 올리지 말고 떨어진 부분을 살리는 방법도 고객의 개성에 따라 소화시킬 수 있다.

작업과정 평가 Check List

주제 : 젊은 층의 광인 형

작업단계	작 업 내 용	작품수준		
		상	중	하
준비단계	1. 좌측(left)과 우측(right)의 두발(hair)을 헤드에 바싹 붙여서 핀(pin)을 꼽고 핀(pin)이 보여도 상관없다.			
중간단계	2. 후면(back)의 작업이 끝나면 톱(top)에 남은 두발(hair)을 한 가닥씩 백 코밍(back combing)한다.			
마무리단계	3. 백 코밍(back combing)한 작품에 색 감각(sensation) 있는 가닥(piece)을 꼽아서 마무리(comb out)하며 특히 젊은 층에 잘 어울린다.			
	4. 업(up)으로 올렸는데 목선(neck)의 두발(hair)이 삐져나올 수 있다. 그 부분을 억지로 올리지 말고 떨어진 부분을 살리는 방법도 고객의 개성에 따라 소화시킬 수 있다.			

MEMO

15 고가철도(station)형

고가철도형 Sketch

고가철도(station)형 작업순서

그림 1

1 헤어라인(hair line)을 4~5cm 남겨놓고 남겨놓은 부분은 백 코밍(back combing) 하여 큰 집을 만들어 놓고 두상(head) 안에 있는 두발(hair)은 C자로 만들어 높이 쌓기 한 좌, 우측면의 완성 작품이다.

그림 2

2 후면(back)의 마무리(comb out)에 신부들의 두발(hair)위에 여러 가지 피스(piece)를 연출하여 만들어 보아도 좋을 것 같다.

D

테이프 엮기

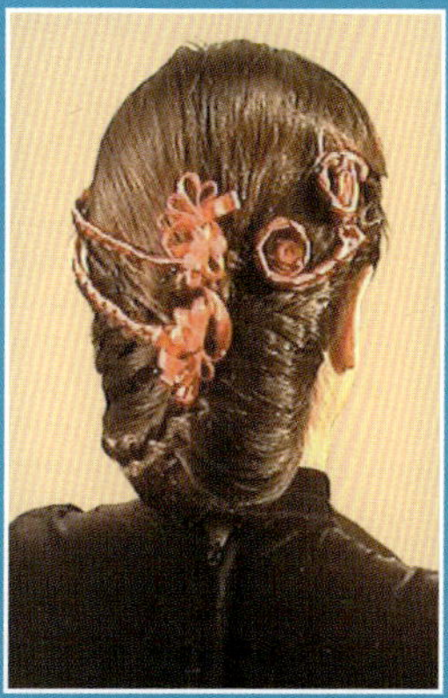

1 테이프(tape) 두 가닥 땋기(braid)

테이프 두 가닥 땋기 Sketch

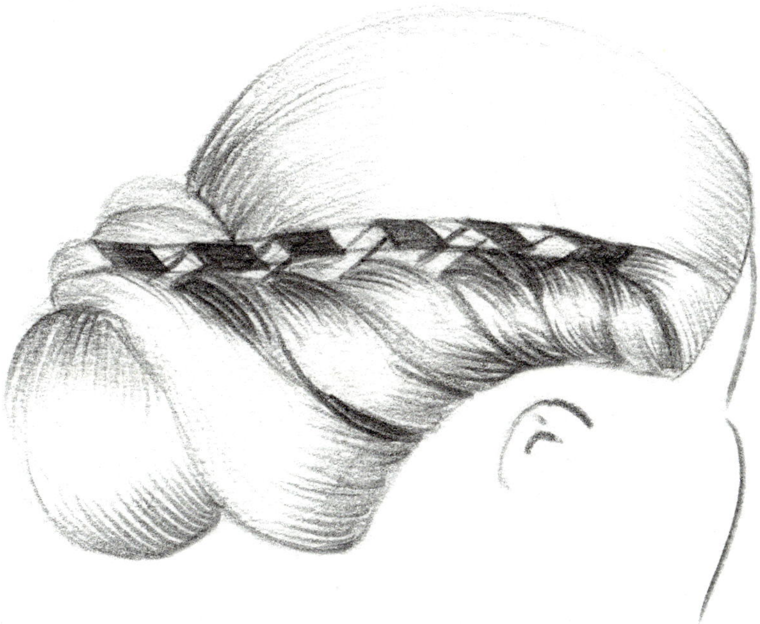

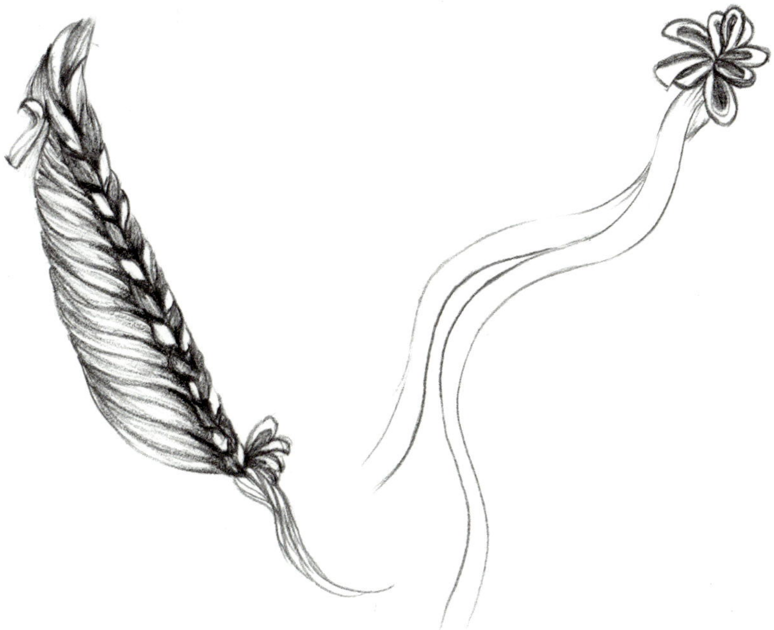

작업과정 Check List

주제 : 테이프(tape) 두 가닥 땋기(braid)

작업 단계	작 업 내 용	그림보기
준비단계	1. 색 감각(color sensation)을 바꾸어 두발(hair)을 1cm를 떠서 묶음 처리하고두 두발 두 가닥에 번갈아 가면서 테이프(tape)를 감는다.	그림 1–1 그림 1–2
	2. 테이프(tape)를 번갈아 가면서 감기(winding)하고 두발(hair)끝까지 연결한다.	그림 2–1 그림 2–2
	3. 마지막 두발(hair) 끝까지 감기(winding)를 하고 끝에서 묶음 처리한다.	그림 3–1 그림 3–2
중간단계	4. 목선(neck)의 두발은 약한 부분이기 때문에 벤드로 묶음처리 한 것보다는 밑에 두발 1cm를 잡아서 빙빙 돌려 두발(hair)을 끝은 핀을 열어 핀 사이에 돌려서 꼽아준다.	그림 4
	5. 헤어라인(hair line)의 두발(hair)을 테이프로 마무리(comb out)하고 안에 나머지 두발(hair)은 빗으로 곱게 빗어 포니테일(ponytail)로 묶음 처리한다.	그림 5
	6. 우측(right)에 만들어 놓은 테이프(tape) 엮기를 리버스컬(reverse curl)로 마들어 묶어놓은(ponytail) 위에 올려놓고 핀을 꼽아준다.	그림 6
마무리단계	7. 좌측(left)의 테이프(tape)엮기도 포워드(forward) 로 감기(winding)하여 마무리(comb out)한다.	그림 7
	8. 마무리 핀을 꼽는다. 그리고 두 컬을 마무리하면 S컬 형으로 보인다.	그림 8–1 그림 8–2

준비물

- 필기도구 : 노트, 펜
- 작업도구 : 핀, 빗, 스프레이, 피스, 리본 테이프
- 학습도구 : 가발

MEMO

테이프(tape) 두 가닥 땋기(braid) 작업순서

그림 1-1

그림 1-2

1-1, 1-2 색 감각(color sensation)을 바꾸어 두발(hair)을 1cm를 떠서 묶음 처리 하고 두발 두 가닥에 번갈아 가면서 테이프(tape)를 감는다.

그림 2-1

그림 2-2

2-1, 2-2 테이프(tape)를 번갈아 가면서 감기(winding)하고 두발(hair)끝까지 연결한다.

그림 3-1

그림 3-2

3-1, 3-2 마지막 두발(hair) 끝까지 감기(winding)를 하고 끝에서 묶음 처리한다.

테이프(tape) 두 가닥 땋기(braid) 작업순서

4

목선(neck)의 두발은 약한 부분이기 때문에 벤드로 묶음처리 한 것보다는 밑에 두발 1cm를 잡아서 빙빙 돌려 두발(hair)을 끝은 핀을 열어 핀 사이에 돌려서 꼽아준다.

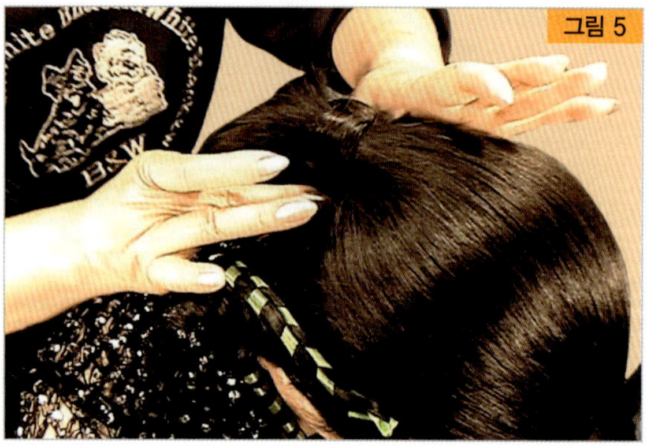

5

헤어라인(hair line)의 두발(hair)을 테이프로 마무리(comb out)하고 안에 나머지 두발(hair)은 빗으로 곱게 빗어 포니테일(ponytail)로 묶음 처리한다.

6

우측(right)에 만들어 놓은 테이프(tape) 엮기를 리버스컬(reverse curl)로 마들어 묶어놓은(ponytail) 위에 올려놓고 핀을 꼽아준다.

테이프(tape) 두 가닥 땋기(braid) 작업순서

그림 7

7 좌측(left)의 테이프(tape)엮기도 포워드(forward) 로 감기(winding)하여 마무리(comb out)한다.

그림 8-1

그림 8-2

8-1, 8-2 마무리 핀을 꽂는다. 그리고 두 컬을 마무리하면 S컬 형으로 보인다.

작업과정 평가 Check List

주제 : 테이프 두 가닥 땋기

작업 단계	작 업 내 용	작품 수준		
		상	중	하
준비단계	1. 색 감각(color sensation)을 바꾸어 두발(hair)을 1cm를 떠서 묶음 처리하고두 두발 두 가닥에 번갈아 가면서 테이프(tape)를 감는다.			
	2. 테이프(tape)를 번갈아 가면서 감기(winding)하고 두발(hair)끝까지 연결한다.			
	3. 마지막 두발(hair) 끝까지 감기(winding)를 하고 끝에서 묶음 처리한다.			
중간단계	4. 목선(neck)의 두발은 약한 부분이기 때문에 벤드로 묶음처리 한 것보다는 밑에 두발 1cm를 잡아서 빙빙 돌려 두발(hair)을 끝은 핀을 열어 핀 사이에 돌려서 꼽아준다.			
	5. 헤어라인(hair line)의 두발(hair)을 테이프로 마무리(comb out)하고 안에 나머지 두발(hair)은 빗으로 곱게 빗어 포니테일(ponytail)로 묶음 처리한다.			
	6. 우측(right)에 만들어 놓은 테이프(tape) 엮기를 리버스컬(reverse curl)로 마들어 묶어놓은(ponytail) 위에 올려놓고 핀을 꼽아준다.			
마무리단계	7. 좌측(left)의 테이프(tape)엮기도 포워드(forward) 로 감기(winding)하여 마무리(comb out)한다. 8. 마무리 핀을 꼽는다. 그리고 두 컬을 마무리하면 S컬 형으로 보인다.			

MEMO

2 테이프 엮어 땋기(tape & braid) – 1

1 테이프(tape)를 중심에서 한 가닥으로 땋기 (braid)를 한다.

2 헤어라인(hair line)을 중심으로 좌측(left)과 우측(right)으 로 엮어 땋기(ply)한다.

3 테이프 엮어 땋기(tape & braid) – 2

테이프 엮어 땋기 - 2 Sketch

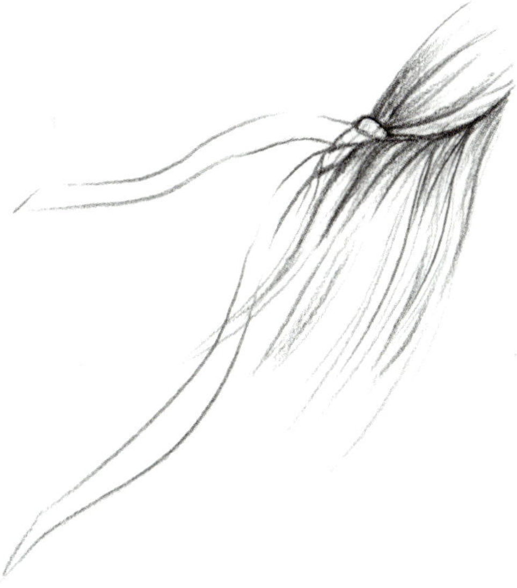

작업과정 Check List

주제 : 테이프 엮어 땋기 – 2

작업단계	작업 내용	그림보기
준비단계	1. 여러 가지 색의 테이프(tape)를 준비하고 고객 의상 색에 맞추어 처리한다.	그림 1
	2. 빨강색(red colored) 으로 준비하여 두빌(hair)1cm를 테이프로 묶는다.	그림 2
	3. 두발(hair)을 세 가닥으로 나누고 위에 두발(hair)에 테이프(tape)를 감는다.	그림 3
	4. 밑에 두발(hair)만 집어 땋기(braid)를 하고 집어간 위에두발(hair)에 테이프(tape)를 감는다.	그림 4
중간단계	5. 계속해서 테이프(tape)를 두발(hair)에 집어 땋기(braid)를 하면 삼각형의 작품이 연출된다.	그림 5
	6. 이런 방법으로 두발(hair)에 테이프(tape) 엮기를 한다.	그림 6
	7. 테이프(tape)로 엮어 땋기(braid)를 하고 마무리(comb out)한다.	그림 7
	8. 두발(hair)끝에서 테이프(tape)로 묶음 처리한다.	그림 8
마무리단계	9. 테이프(tape)엮어놓은 것을 우측(right)의 두발(hair)에 얹어놓는다.	그림 9
	10. 얹어놓은 두발(hair)위에 핀을 꼽는다.	그림 10
	11. 좌측(left)기법도 우측(right)과 같은 방법으로 엮는다.	그림 11
	12. 계속해서 똑같은 기법으로 두발(hair)을 집어서 테이프(tape)를 감는다.	그림 12
	13. 세 가닥 테이프(tape)엮어 땋기(braid)를 우측(right)과 같은 방법으로 한다.	그림 13
	14. 우측(right)의 땋기(braid) 방법은 좌측(left)도 같은 기법으로 한다.	그림 14
	15. 좌측(left)의 두상(head)에 올려놓고 핀으로 고정시킨다.	그림 15
	16. 좌측(left)의 두발(hair)에 올려놓고 핀으로 고정시킨다.	그림 16-1, 16-2

준비물
- 필기도구 : 노트, 펜
- 작업도구 : 핀, 빗, 스프레이, 피스, 리본, 테이프
- 학습도구 : 가발

테이프 엮어 땋기 – 2 작업순서

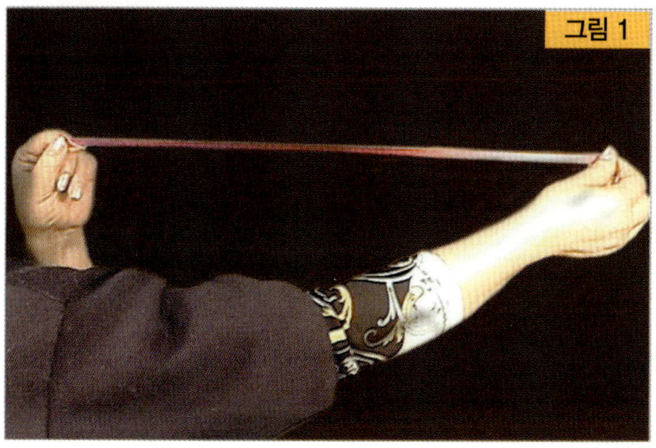
그림 1

1

여러 가지 색의 테이프(tape)를 준비하고
고객 의상 색에 맞추어 처리한다.

그림 2

2

빨강색(red colored) 으로 준비하여
두발(hair) 1cm를 테이프로 묶는다.

그림 3

3

두발(hair)을 세 가닥으로 나누고 위에
두발(hair)에 테이프(tape)를 감는다.

그림 4

4

밑에 두발(hair)만 집어 땋기(braid)를
하고 집어간 위에 두발(hair)에 테이프
(tape)를 감는다.

테이프 엮어 땋기 – 2 작업순서

그림 5

5
계속해서 테이프(tape)를 두발(hair)에 집어 땋기(braid)를 하면 삼각형의 작품이 연출된다.

그림 6

6
이런 방법으로 두발(hair)에 테이프(tape) 엮기를 한다.

그림 7

7
테이프(tape)로 엮어 땋기(braid)를 하고 마무리(comb out)한다.

그림 8

8
두발(hair)끝에서 테이프(tape)로 묶음 처리한다.

테이프 엮어 땋기 - 2 작업순서

그림 9

9

테이프(tape)엮어 놓은 것을 우측(right)의 두상(head)에 얹어 놓는다.

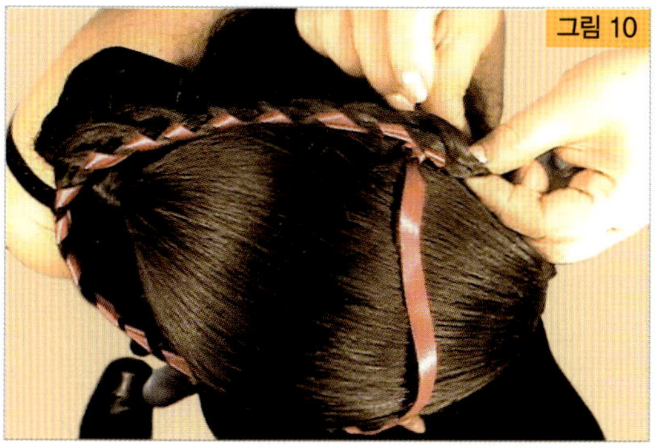

그림 10

10

얹어놓은 두상(head)위에 핀을 꼽는다.

그림 11

11

좌측(left)기법도 우측(right)과 같은 방법으로 엮는다.

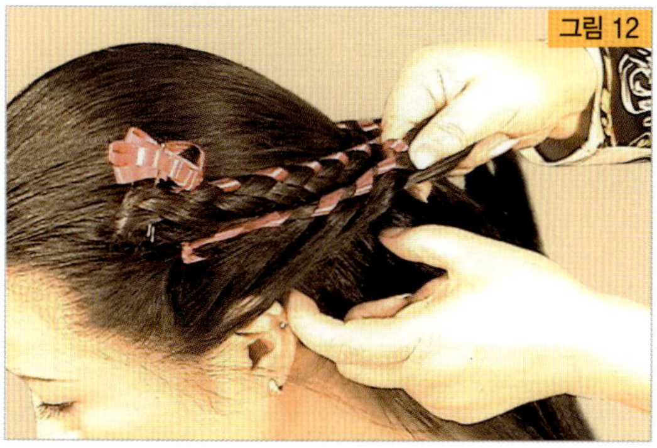

그림 12

12

계속해서 똑같은 기법으로 두발(hair)을 집어서 테이프(tape)를 감는다.

테이프 엮어 땋기 – 2 작업순서

그림 13

13 세 가닥 테이프(tape)엮어 땋기(braid)를 우측(right)과 같은 방법으로 한다.

그림 14

14 우측(right)의 땋기(braid) 방법은 좌측(left)도 같은 기법으로 한다.

그림 15

15
좌측(left)의 두상(head)에 올려놓고 핀으로 고정시킨다.

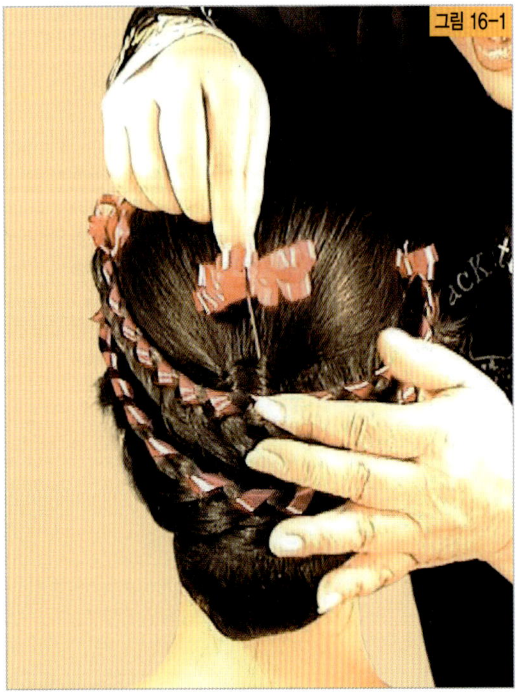
그림 16-1

그림 16-2

16-1, 16-2 후면(back) 중앙에 테이프(tape)를 만들어 약점에 꼽는다. 테이프 엮기를 한줄로 해도 된다.

작업과정 평가 Check List

주제 : 테이프 엮어 땋기 – 2

작업 단계	작 업 내 용	작품 수준		
		상	중	하
준비단계	1. 여러 가지 색의 테이프(tape)를 준비하고 고객 의상 색에 맞추어 처리한다.			
	2. 빨강색(red colored) 으로 준비하여 두빌(hair)1cm를 테이프로 묶는다.			
	3. 두발(hair)을 세 가닥으로 나누고 위에 두발(hair)에 테이프(tape)를 감는다.			
	4. 밑에 두발(hair)만 집어 땋기(braid)를 하고 집어간 위에두발(hair)에 테이프(tape)를 감는다.			
중간단계	5. 계속해서 테이프(tape)를 두발(hair)에 집어 땋기(braid)를 하면 삼각형의 작품이 연출된다.			
	6. 이런 방법으로 두발(hair)에 테이프(tape) 엮기를 한다.			
	7. 테이프(tape)로 엮어 땋기(braid)를 하고 마무리(comb out)한다.			
	8. 두발(hair)끝에서 테이프(tape)로 묶음 처리한다.			
마무리단계	9. 테이프(tape)엮어놓은 것을 우측(right)의 두발(hair)에 얹어놓는다.			
	10. 얹어놓은 두발(hair)위에 핀을 꼽는다.			
	11. 좌측(left)기법도 우측(right)과 같은 방법으로 엮는다.			
	12. 계속해서 똑같은 기법으로 두발(hair)을 집어서 테이프(tape)를 감는다.			
	13. 세 가닥 테이프(tape)엮어 땋기(braid)를 우측(right)과 같은 방법으로 한다.			
	14. 우측(right)의 땋기(braid) 방법은 좌측(left)도 같은 기법으로 한다.			
	15. 좌측(left)의 두상(head)에 올려놓고 핀으로 고정시킨다.			
	16. 좌측(left)의 두상(head)에 올려놓고 핀으로 고정시킨다.			

MEMO

4 중심 테이프(tape) 엮기

중심 테이프 엮기 Sketch

작업과정 Check List

주제 : 중심 테이프 엮기

작업 단계	작 업 내 용	그림보기
준비단계	1. 헤어라인(hair line)3~4cm씩 2파트로 남겨두고 중심에 두발(hair)을 테이프(tape)로 좌측(left)과 우측(right)을 번갈아 감기(winding)한다.	그림 1
	2. 중심 감기(winding)가 끝나면 우측(right)의 두발(hair)을 집어 땋기(braid)를 한다.	그림 2
	3. 세 가닥 테이프(tape) 엮기를 위에 두발 가닥만 감기(winding)를 한다.	그림 3
중간단계	4. 계속해서 같은 기법으로 테이프(tape) 감기(winding)를 한다.	그림 4
	5. 우측(right)의 한줄 감기(winding)를 마무리(com out)하고 두발(hair) 끝에서 묶음처리 한다.	그림 5-1 그림 5-2
	6. 두발(hair)밑단을 테이프(tape) 감기(winding)를 시작한다.	그림 6-1 그림 6-2
	7. 두발(hair)을 두 가닥 땋기(braid)를 하고 테이프(tape)는 위 아래로 테이프(tape)를 감기(winding)한다.	그림 7-1 그림 7-2
마무리단계	8. 끝부분에 묶음처리하고 두 가닥을 하나로 잡는다. 색 감각(color sensation)연출 좌측(left)의 으로 올려놓기 위해 손작업을 한다.	그림 8-1 그림 8-2
	9. 중심부의 테이프(tape) 감기를 만들어 놓고 좌측과 우측의 테이프(tape) 감기(winding) 만들어 논 내 가닥을 핀을 꼽아 정리하고 색 감각(color sensation)으로 약혼, 결혼, 돌 찬치, 등 여러 행사에 참여할 수 있도록 화려하게 만들어 본다.	그림 9-1 그림 9-2 그림 9-3 그림 9-4 그림 9-5

준비물

- 필기도구 : 노트, 펜
- 작업도구 : 핀, 빗, 스프레이, 피스, 리본테이프
- 학습도구 : 가발

MEMO

중심 테이프 엮기 작업순서

그림 1

1 헤어라인(hair line)3~4cm씩 2파트로 남겨두고 중심에 두발(hair)을 테이프(tape)로 좌측(left)과 우측(right)을 번갈아 감기(winding)한다.

그림 2

2 중심 감기(winding)가 끝나면 우측(right)의 두발(hair)을 집어 땋기(braid)를 한다.

중심 테이프 엮기 작업순서

3 세 가닥 테이프(tape) 엮기를 위에 두발 가닥만 감기(winding)를 한다.

4 계속해서 같은 기법으로 테이프(tape) 감기(winding)를 한다.

5-1, 5-2 우측(right)의 한줄 감기(winding)를 마무리(com out)하고 두발(hair) 끝에서 묶음처리 한다.

중심 테이프 엮기 작업순서

6 두발(hair)밑단을 테이프(tape) 감기(winding)를 시작한다.

7 두발(hair)을 두 가닥 땋기(braid)를 하고 테이프(tape)는 위 아래로 테이프(tape)를 감기(winding)한다.

8-1, 8-2 끝부분에 묶음처리하고 두 가닥을 하나로 잡는다. 색 감각(color sensation)연출 좌측(left)으로 올려놓기 위해 손작업을 한다.

중심 테이프 엮기 작업순서

그림 9-1

그림 9-2

그림 9-3

그림 9-4

그림 9-5

9-1, 9-2, 9-3, 9-4, 9-5 중심부의 테이프(tape) 감기를 만들어 놓고 좌측과 우측의 테이프(tape) 감기(winding) 만들어 논 내 가닥을 핀을 꼽아 정리하고 색감각(color sensation)으로 약혼, 결혼, 돌 잔치 등 여러 행사에 참여할 수 있도록 화려하게 만들어 본다.

작업과정 평가 Check List

주제 : 중심 테이프 엮기

작업 단계	작 업 내 용	작품 수준		
		상	중	하
준비단계	1. 헤어라인(hair line)3~4cm씩 2파트로 남겨두고 중심에 두발(hair)을 테이프(tape)로 좌측(left)과 우측(right)을 번갈아 감기(winding)한다.			
	2. 중심 감기(winding)가 끝나면 우측(right)의 두발(hair)을 집어 땋기(braid)를 한다.			
	3. 세 가닥 테이프(tape) 엮기를 위에 두발 가닥만 감기(winding)를 한다.			
중간단계	4. 계속해서 같은 기법으로 테이프(tape) 감기(winding)를 한다.			
	5. 우측(right)의 한줄 감기(winding)를 마무리(com out)하고 두발(hair) 끝에서 묶음처리 한다.			
	6. 두발(hair)밑단을 테이프(tape) 감기(winding)를 시작한다.			
	7. 두발(hair)을 두 가닥 땋기(braid)를 하고 테이프(tape)는 위 아래로 테이프(tape)를 감기(winding)한다.			
마무리단계	8. 끝부분에 묶음처리하고 두 가닥을 하나로 잡는다. 색 감각(color sensation)연출 좌측(left)의 으로 올려놓기 위해 손작업을 한다.			
	9. 중심부의 테이프(tape) 감기를 만들어 놓고 좌측과 우측의 테이프(tape) 감기(winding) 만들어 논 내 가닥을 핀을 꼽아 정리하고 색 감각(color sensation)으로 약혼, 결혼, 돌 찬치, 등 여러 행사에 참여할 수 있도록 화려하게 만들어 본다.			

MEMO

5 리버즈컬 (reverse curl)과 포워드(forward)컬

리버즈컬과 포워드컬 Sketch

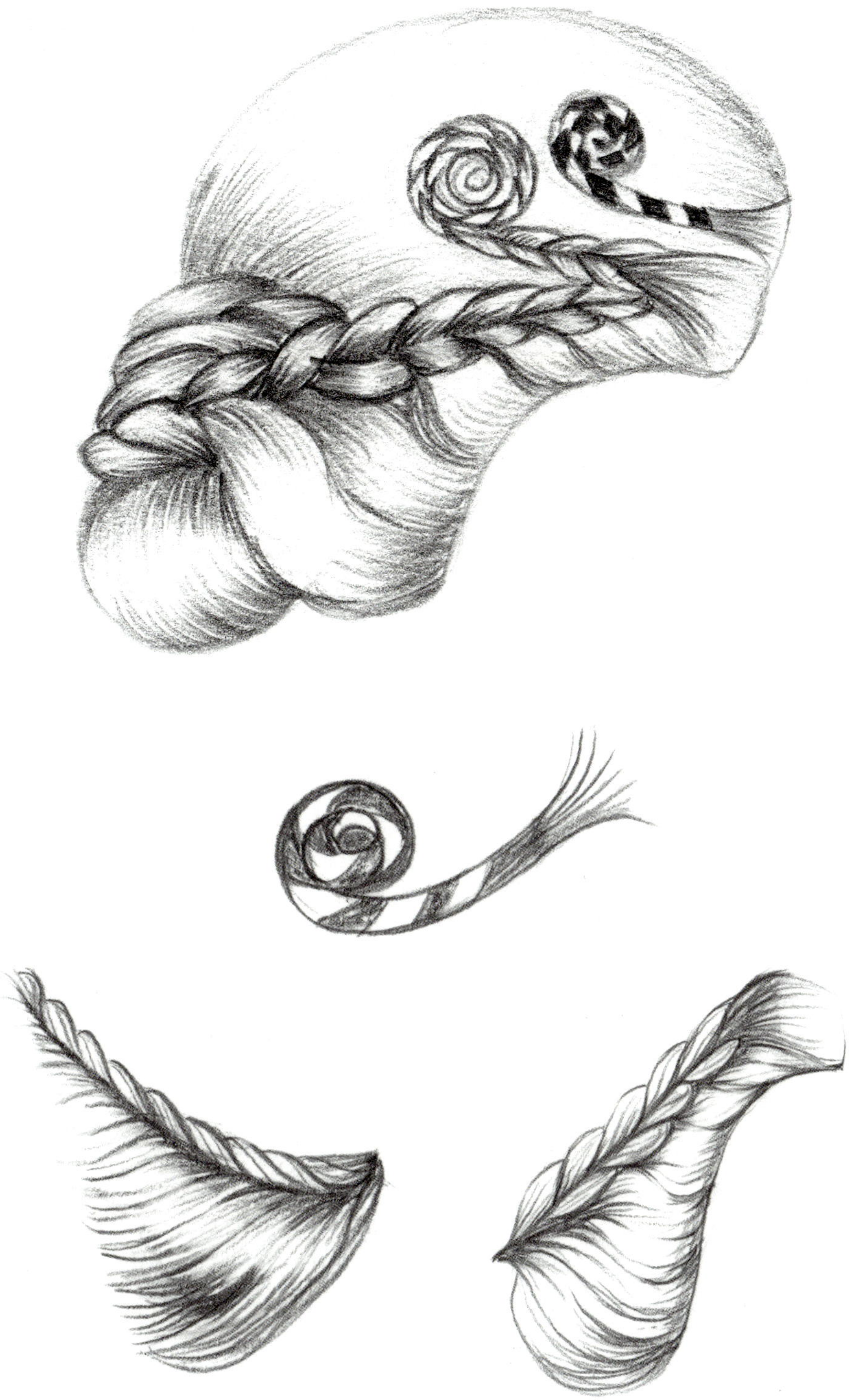

작업과정 Check List

주제 : 리버즈컬과 포워드 컬

작업 단계	작 업 내 용	그림보기
준비단계	1. 두발(hair) 전채의 헤어라인(hair line)을 3~4cm남겨놓고 두상에 남아있는 두발(hair)을 백 코밍(back combing)하여 포니테일(ponytail)로 묶어 반달 모양으로 만들어 핀을 꼽는다.	그림 1-1 그림 1-2
	2. 귀 선(Ear line)을 중심으로 후면(back)의 두발(hair)만 세 가닥 집어땋기(braid)를 한다. 귀 선(Ear line)에서 미용사(hairdresser) 의 자세는 사선으로 힘을 주면서 땋기 한다.	그림 2-1 그림 2-2
중간단계	3. 세 가닥 땋기(braid)가 끝나면 위에 두발(hair)을 펴주고 스프래이를 뿌리고 목선(neck line)에 만들어 놓은 위에 감싸며 핀을 꼽는다.	그림 3-1 그림 3-2
	4. 우측(right)의 땋기(braid) 방법은 좌측(left)과 똑 같이 마무리 한다.	그림 4
	5. 귀 옆(Ear side) 에 남겨 논 두발(hair)을 2등분으로 나뉘어 위에 단은 두 가닥 감기(winding)를 하고 밑에 단은 세 가닥 중에서 위에만 감기(winding)를 한다. 끝에 남은 테이프는 꽃을 만들어 처리한다.	그림 5
마무리 단계	6. 우측의 포워드 컬(forward) 리버즈 컬(reverse curl)좌측의 테이프(tape)는 꽃을 만들어 핀을 꼽아 마무리(comb out)한 형이다.	그림 6-1 그림 6-2

준비물

- 필기도구 : 노트, 펜
- 작업도구 : 핀, 빗, 스프레이, 피스, 리본 테이프
- 학습도구 : 가발

MEMO

리버즈컬과 포워드 컬 작업순서

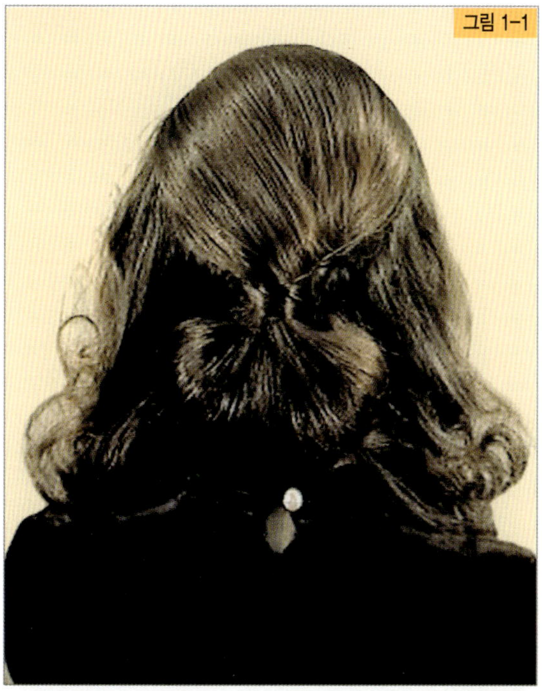

그림 1-1

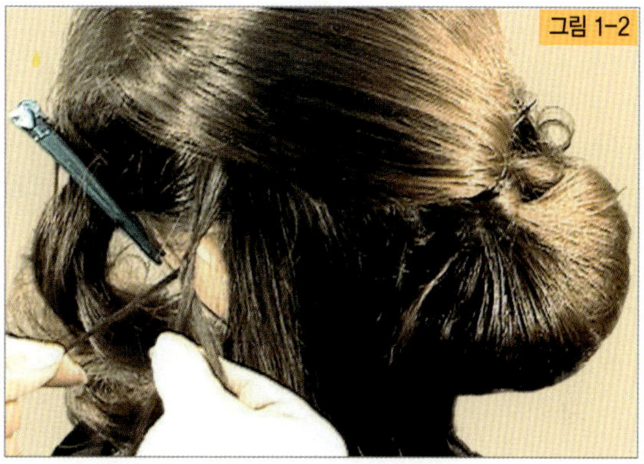

그림 1-2

1 -1, 1-2 두발(hair) 전체의 헤어라인(hair line)을 3~4cm남겨놓고 두상에 남아있는 두발(hair)을 백 코밍(back combing)하여 포니테일(ponytail)로 묶어 반달 모양으로 만들어 핀을 꼽는다.

그림 2-1

그림 2-2

2-1, 2-2 귀 선(Ear line)을 중심으로 후면(back)의 두발(hair)만 세 가닥 집어땋기(braid)를 한다. 귀 선(Ear line)에서 미용사(hairdresser) 의 자세는 사선으로 힘을 주면서 땋기 한다.

리버즈컬과 포워드 컬 작업순서

그림 3-1

그림 3-2

3-1, 3-2 세 가닥 땋기(braid)가 끝나면 위에 두발(hair)을 펴주고 스프레이를 뿌리고 목선(neck line)에 만들어 놓은 위에 감싸며 핀을 꼽는다,

그림 4

그림 5

4 우측(right)의 땋기(braid) 방법은 좌측(left)과 똑 같이 마무리한다.

5 귀 옆(Ear side) 에 남겨 논 두발(hair)을 2등분으로 나뉘어 위에 단은 두 가닥 감기(winding)를 하고 밑에 단은 세 가닥 중에서 위에만 감기(winding)를 한다. 끝에 남은 테이프는 꽃을 만들어 처리한다.

리버즈컬과 포워드 컬 작업순서

그림 6-1

그림 6-2

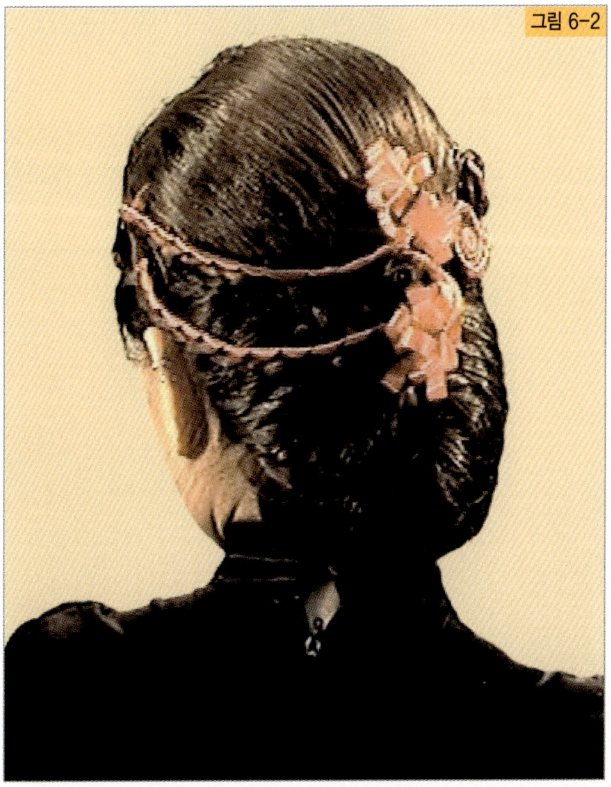

6-1, 6-2 우측의 포워드 컬(forward) 리버즈 컬(reverse curl)좌측의 테이프(tape)는 꽃을 만들어 핀을 꼽아 마무리(comb out)한 형이다.

작업과정 평가 Check List

주제 : 리버즈컬과 포워드 컬

작업 단계	작 업 내 용	작품수준		
		상	중	하
준비단계	1. 두발(hair) 전채의 헤어라인(hair line)을 3~4cm남겨놓고 두상에 남아있는 두발(hair)을 백 코밍(back combing)하여 포니테일(ponytail)로 묶어 반달 모양으로 만들어 핀을 꼽는다.			
	2. 귀 선(Ear line)을 중심으로 후면(back)의 두발(hair)만 세 가닥 집어땋기(braid)를 한다. 귀 선(Ear line)에서 미용사(hairdresser) 의 자세는 사선으로 힘을 주면서 땋기 한다.			
중간단계	3. 세 가닥 땋기(braid)가 끝나면 위에 두발(hair)을 펴주고 스프래이를 뿌리고 목선(neck line)에 만들어 놓은 위에 감싸며 핀을 꼽는다,			
	4. 우측(right)의 땋기(braid) 방법은 좌측(left)과 똑 같이 마무리 한다.			
	5. 귀 옆(Ear side) 에 남겨 논 두발(hair)을 2등분으로 나눠어 위에 단은 두 가닥 감기(winding)를 하고 밑에 단은 세 가닥 중에서 위에만 감기(winding)를 한다. 끝에 남은 테이프는 꽃을 만들어 처리한다.			
마무리 단계	6. 우측의 포워드 컬(forward) 리버즈 컬(reverse curl)좌측의 테이프(tape)는 꽃을 만들어 핀을 꼽아 마무리(comb out)한 형이다.			

MEMO

6 후면(back)의 4단계 작품 만들기

테이프(tape)를 넣어 엮어 braiding(ply)는 색상(Color)이나 넓이에 따라 분위기가 달라지며 또는 여러 가지 종류나 파트에 따라서도 분위기 변신을할 수 있다.에 핀 처리 한다.

1 이어하프(ear half)밑의 두발(hair)은 땋기(braiding)를 해서 우측(right)에 올려 핀을 꼽아놓는다.

2 이어 톱(ear top)의 두발(hair)은 젤을 발라 두피(head)에서 뜨지 않게 빗질하여 우측(right)귀 옆에 핀 처리 한다.

3 나머지 두발(hair)은 톱에 포니테일(ponytail)로 처리하고 여러가지 피스(plece)를만들어 장식 한다.

4 묶음 처리한 두발(hair)에 핑크색 테이프(tape)를 그물뜨기(chignon)뜨기를 한다.

5 작품을 만들기 위해 미리 준비한 것을 빈 공간에 채워 넣는다.

7 두상(hard) 체크무늬(checkers) 만들기

1 헤어(hair)라인(line)은 집어 땋기(Plait)를 한다.

2 나머지 두발(hair)은 포니테일(pony tail)로 묶는다.

3 테이프를 대핀 끝부분에 묶어 그물뜨기로 무늬를 만들며 정리한다.

두상(hard) 체크무늬(checkers) 만들기 작업순서

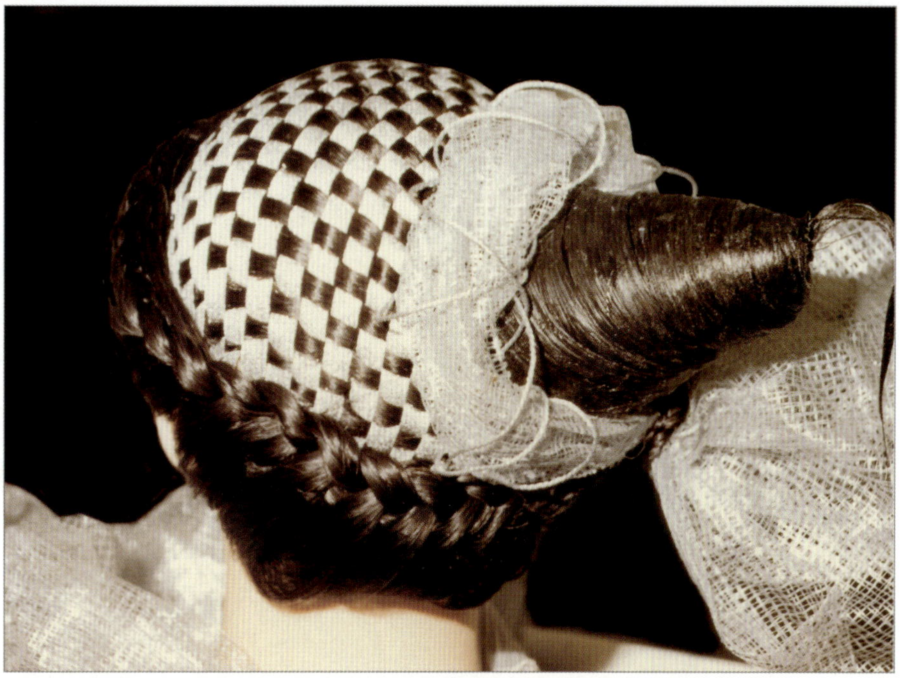

5 후면(back)의 작품이다 사진과 같은 방법으로 만들어 본다.
6 망(ching)으로 된 천을 연출하여 전면(front)의 작업을 마지막으로 마무리(comb)한다.

8 가닥(piece) 활용하기

가닥 활용하기 Sketch

가닥(piece) 활용하기 작업순서

그림 1

그림 2

1 좌측(left)과 우측(right)의 두발(hair)을 백 코밍(back combing)하여 빗질을 곱게 한 후 핀(pin)을 꼽는다. 앞에 가닥(piece)을 꼽아 연출 하였다.

2 좌측(left)과 우측(right)의 두발(hair)을 백 코밍(back combing)하여 빗질을 곱게 한 후 핀(pin)을 꼽는다. 앞에 가닥(piece)을 꼽아 연출 하였다.

가닥(piece) 활용하기 작업순서

그림 3-1

그림 3-2

3-1, 3-2 미리 만들어 놓은 가닥(piece)을 작업 중 빈 공간에 꼽아 주고 좌측(left)과 우측(right)의 마무리(comb out)를 한다.

9 테이프(tape) 와 멍석(straw mat) 엮기

테이프와 멍석 엮기 Sketch

테이프(tape) 와 멍석(straw mat) 엮기 작업순서

1 테이프(tape)를 감기(winding)하고 세 가닥 땋기(braid)를 한다. 전면(front)의 땋기(braid)한 두발(hair)을 후면에 S자로 만들어 논다.

2 전면의 세 가닥 땋기를 S 자로 테이프 감기를 마무리한다.

E

작품 만들기

1 꽃의 축제 (Flower's Festival)

꽃의 축제 Sketch

꽃의 축제 작업순서

그림 1-1

그림 1-2

1-1, 1-2 버려진 머리카락을 재활용하여 가닥(piece)을 만든다. 여러가지 모양으로 만들어 두발(hair)을 톱에 포니테일(ponytail)로 묶음 처리한다. 그리고 두상에 장식을 하여 연출한다.

2 꽃 의 축제 – 태양 만들기(Flower's Festival – Make a sun)

가닥(piece)을 부채모양으로 만들어 얼굴 전체에 감싸 주는 형으로 연출하고 목선(neck line)은 인조실을 그대로 감아준 작품이다.

3 꽃의 축제 - 부채 만들기(Flower's Festival - Make a fan)

꽃의 축제 - 부채 만들기 Sketch

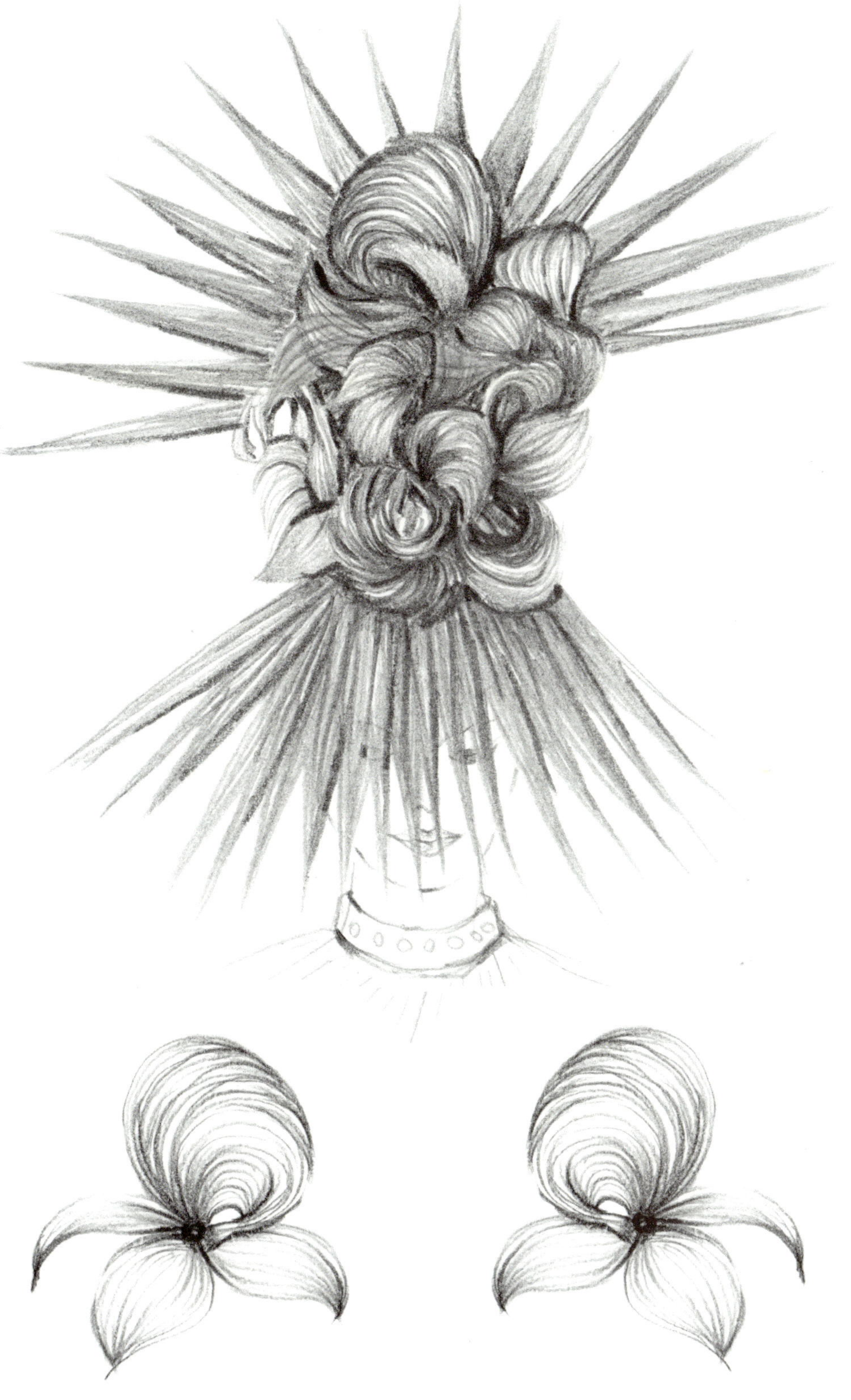

꽃의 축제 – 부채 만들기 작업순서

그림 1-1

그림 1-2

1-1, 1-2 인조실로 만든 작품이다. 부채의(fan) 변형을 만들고 꽃(flower)을 만들어 전면은 모자 챙 같이 나열했고 톱의 중심에 세워서 꼽은 후 중간사이에는 꽃(flower)을 나열하고 전면의부분과 톱의 부분을 연출하였다.

꽃의 축제 - 부채 만들기 작업순서

그림 2-1

그림 2-2

그림 2-3

2-1, 2-2, 2-3 좌측(left)과 우측(right)후면의 꽃꽂이(flower)다. 두상(head)에 이런 작품을 만들어보자. 이런 작품은 일반인들이 할 수 없다. 1998년 헤어월드(hair world)에서 헤어 쇼(hair show)에 선보인 작품이다.

4 꽃의 축제 – 풀잎 만들기(Flower' s Festival – Blade of grass)

꽃의 축제 - 풀잎 만들기 Sketch

꽃의 축제 - 풀잎 만들기 작업순서

그림 1-1

그림 1-2

1-1, 1-2 인조실로 풀잎모양(blade of grass)으로 만들었다. 만들어놓은 가닥(piece)을 좌측(left)과 우측(right)에 그리고 톱(top)에 올려 작품을 만들었다.

5 꽃 의 축제 – 꽃 만들기(Flower's Festival – Make a flower)

6 꽃의 축제 - 모자 만들기(Flower's Festival - Make a cap)

꽃의 축제 – 모자 만들기 작업순서

그림 1-1

그림 1-2

1-1, 1-2 전면(front), 후면(back), 우측(right)면으로 모자(cap)에 가닥(piece)을 꼽아 연출한 작품이다.

7 꽃의 축제 – 야자수 만들기(Flower's Festival – Make a cocount tree)

꽃 의 축제 - 야자수 만들기 작업순서

그림 1-1

그림 1-2

1-1, 1-2 인조실로 가닥(piece)을 만들어 야자수를 두상(head)에 연출한 작품이다. 전면(front), 좌측(left), 우측(right)의 작품과 목선(neck line)에도 인조실의 옷을 입혔다.

8 꽃 의 축제 – 소나무 만들기(Flower's Festival – Make a pine tree)

꽃 의 축제 - 소나무 만들기 작업순서

그림 1-1

그림 1-1

1-1, 1-2 인조실로 소나무(pine tree) 잎의 가닥(piece)를 만들어 두상(head)에 꼽아서 연출한다. 전면(front), 좌측(left)), 후면(back), 등을 솔방울(pine cone)까지 달아서 만들어 보자.

9 꽃의 축제 – 새 만들기(Flower's Festival – Make a bird)

꽃의 축제 – 새 만들기 작업순서

그림 1-1

그림 1-2

1-1, 1-2 전면(front), 후면(back), 우측(right)면의 연출한 마무리(comb out)한 작업이다. 이 작품을 보고 한번 따라 해보아도 되며 재미있는 꽃(flower) 꽃이 가 되는 훌륭한 작품이다. 그림에서는 잘 나타나지 않지만 가닥(piece)으로 새(bird)를 만든 작업을 한 것이다.

10 꽃 의 축제 – 꽃 만들기(Flower's Festival – Make a flower)

꽃 의 축제 - 꽃 만들기 작업순서

그림 1-1

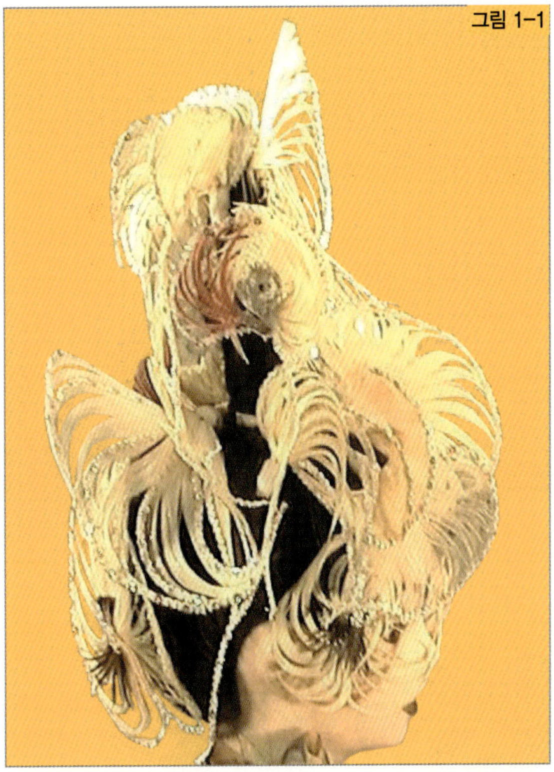

그림 1-2

1-1, 1-2 인조실로 가닥(piece)를 만들어 선을 살리면서 꽃(flower)을 만들고 보석(jewel)도 붙여 스프레이(spray)를 뿌리고 완성작을 만든다. 그리고 두상(head)에 꼽아 마무리(comb out)한다.

꽃 의 축제 – 꽃 만들기 여러가지 피스

가닥 만들기를 해보자.

준비물 = 본드, 신나, 꼬리 빗, 펌 약 빈병, 신문, 가위, 틴닝가위.]
작품을 만들고자한 길이로 자른다. 대작, 중작, 소작, 등을 만든다.

11 업스타일(up styler) 피스(piece) 활용하기 – 1

업스타일(up styler)의 기본은 빗질을 매끄럽게 잘 해야 한다. 종류가 다양하게 많지만 몇 가지의 기본을 배우면 연출 할 수 있는 지혜와 구상이 떠올라 땋아(braid)놓은 피스(piece)를 헤어드레서(hairdresser)의 눈높이에 맞게 마무리(comb out) 한다.

12 업스타일(up styler) 피스(piece) 활용하기 - 2

그림 1-1

그림 1-2

피스 (piece)

피스 (piece)로 여러가지 종류의 작업(work)을 하여 만들고 때와 장소에 따라 연출하면 된다.

13 꽃 의 축제 - 꽃 만들기(Flower's Festival - Make a flower)

그림 1-1

그림 1-2

14 꽃 의 축제 – 꽃 만들기(Flower's Festival – Make a flower)

그림 1-1

그림 1-2

1-1, 1-2 인모(hair)로 브리지(bridge) 레벨(level) 7~8로 빼고 그린(green)색(color)을 들여 가닥(piece)을 만들어 원형(round)과 S형으로 두발(hair)에 꼽아 연출한다.

15 피스(piece)를 활용한 업스타일

그림 1-1

그림 1-2

16 피스(piece)를 활용한 해바라기

17 피스(piece)로 만든 가을 단풍

18 피스(piece)로 만든 고전형

19 피스(piece)로 만든 고전풍

20 피스(piece)로 만든 고전풍

21 피스(piece)로 만든 고전풍

22 피스(piece)로 만든 소나무형

23 나비의 축재

24 새들의 둥지 – Yellow

새들의 둥지 (Yellow) 작업순서

1 이어투이어(Ear To Ear) 파팅(Parting)을 나눈다.

2 백콤(Back Comb)을 충분히 넣어 프론트파트(Front Part)를 포니테일(Pone Tail)로 묶는다.

3 비하인드 파트도 백콤(Back Comb)을 넣어 세이핑을 곱게 빗어 포니테일(Pony Tail)로 묶는다.

4 두개의 포니테일(Pony Tail)로 묶음을 하나의 포니테일(Pony Tail)로 묶기 전에 주간에 나무 젓가락을 넣어 묶은 다음 나머지 머리로 나선형으러 감사주며 기둥을 세운다.

5 피스를 부채꼴로 만들어 곡지점에만 꼽아 둔다.

6 피스로 파랑새를 만들어 무늬는 물감으로 색조를 넣어 새가 날아가는 형태를 만들었다.

7 그림과 같이 새들의 환상의 놀이터를 연상하여 만들어 준다.

8 파티페어에 작품이다(프로 그래시브 - 피스 5개 이상)

25 둥 지 (Nest)

보금자리 같이 만든 작품으로 헤어 쇼 컨테스트(Hair show contest)무대의 환상적인 작품

26 야자유 (Palm)

27 나무(Tree)

인조실로 피스를 만들어 크리스마스 트리(tree)를 만든 작품

나무(Tree) 작업순서

그림 1

1 측면의 모습을 관찰

그림 2

2 후면의 완성작으로 크리스마스 때 이렇게 만들어 보자.

28 트리시자 만들기 (Trio)

두 가지 이상의 컬러를 복합시켜 일자로 만든 후 두상에 나열하고 요소요소를 매꿔가면서 시자를 연출

트리시자 만들기 작업순서

그림 1

1 측면의 짧은 목선두발을 그대로 내려줌

그림 2

2 두발이 짧은 모델인대도 두상에 연출한 작품으로 잔치(결혼, 회갑, 돌. 약혼)등에 쓸 수 있는 피스임

29 높이 올리기 (A term of respect)

인조실로 피스를 만들어 구슬을 붙이고 두상에 연출 헤어쇼 컨테스트(hair show contest)에 올려놓아도 되는 작품임

높이 올리기 작업순서

1 후면을 연출한 작품으로 헤어쇼나 헤어 컨테스트(Hair show contest)에 어울림

2 피스를 미리 만들어 놓고 작업을 한 후 측면은 위그에 만들었다.

피스 (piece)

30 궁중에 큰머리 (Woman's formal hair)

인조실을 부채모양으로 만들어 궁중에 콘 머리를 주제로 현대식으로 연출하였으며 목에 꽂을 피스로 만들어 연출

궁중에 큰머리 작업순서

1 측면을 연출한 작품

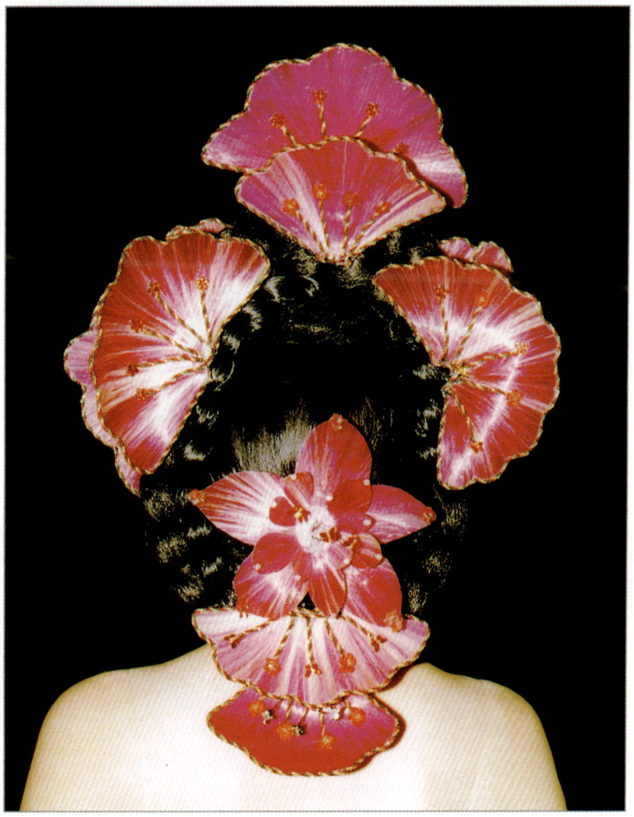

2 후면의 모습으로 의상도 같은 모양으로 만듬.
이러한 작품은 화려한 무대에서 필요로 하면 좋음.

31 새들의 축제 (Bird's form)

꾀꼬리 새를 연상하면서 피스를 만들어 두상에 연출한 작품으로 헤어쇼나 헤어 컨테스트에 연출해도 됨

새들의 축제 (Bird's form) 작업순서

측면

피스 여러 가지 색을 합하여 만든 후 새 모양으로 만든 피스활용법.

32 꽃 만들기(Flower form)

후면과 측면의 두발에 붙이기를 한다. 인조실로 미리 만들어 놓고 짧은 두발에 올려 둠. 화려한 것을 좋아하는 고객에게 사용.

33 꽃 만들기(Flower form)

피스를미리 준비하고 후면에 꼽아 작업을 마무리한다.

34 꽃 만들기(Flower form)

피스를 만들어 놓는다. 후면에 예쁘게 붙이고 드레스도 함께 연출하며 파티나 음악회 주인공으로 화려한 헤어이다.

국제 헤어 쇼

쇼 호 모델과 함께

국제 미용 컨테스트 심사

국제 헤어 쇼

T. G 헤어쇼

피스로 나비를 만들었다. 여러 가지 색으로 만들어 두상에 꼽아 축재를 한 쇼 무대 (중국 심양에서 모델과 함께)

이 군 자

학력 및 경력

1990년 9월	경원대학교 경영대학원 수료
1995년 9월	숙명여자대학교 미용산업대학원 수료
1974년 – 1995년	이군자미용실 운영 및 이군자미용학원 운영
1979년 4월	한일친선 헤어페스티발 개최(대회장)
1980년 10월 3일	일본 소노다대학
1980년 – 1999년	프랑스 S.H.C.F. 미용국제강사 역미용과 졸업
1982년 – 1989년	대한미용사회 수원지부장 역임
1983년 10월	일본 부테가루이스파르또 Academy 수료
1984년 3월 15일	Wigs-Cup 전국미용대회 매년개최(주최 대회장)
1986년 4월 22일	일본 국재미용학교 이에무라 Beauy Academy 수료
1987년 6월 5일	일본 야미노아이고 Beauty Academy 수료 유럽 5개국연수교육
1988년 11월	독일 Diller Beauty Academy 수료
1988년 11월	이태리 GiGi Gandini Beauty Academy 수료
1988년 11월	프랑스 INAC Beauty Academy 수료
1988년 11월	영국 Vidal-Sassoon Academy 수료
1989년 4월 18일	대한미용사회 상임위원 역임
1990년 5월 18일	아세아 미용예술협회(일본) 강사 인정증 취득
1994년 4월 17일	BEAUTOPIA 동경국제미용대회 심사 및 연수교육
1995년 3월 5일	청주 가나미용학원 개설
1996년 8월 13일	유럽 5개국 순회 연수교육 프랑스 Maquillage Beauty Academy 영 국 Oxford University College, 영 국 Ray Cochrane Beauty Academy 이태리 Salvaaggio Beauty Academy, 영국비달사순 정규코스 수료
1997년 9월 21일	대만 피부미용연수교육
1999년 3월 5일	국민대학교 미용대학원 주임교수 역임
1999년 11월 26일	유럽 5개국연수 Vidal-Sassoon과 교육사업 계약체결
2000년 4월 9일	NEW MILLENNIUM Vidal-통assoon Hair Collection Big Show 주관 개최 (20일간)
2000년 11월	미국 LA Glenford 대학 보건위생학과 학사학위 취득
2001년 3월 5일	현재 경복대학 피부미용과 겸임교수
2001년 4월	한국 ,홍콩 ,영국 ,중국 장춘 헤어 빅쇼 한국대표 출전
2002년 7월 26일	한국미용교육 교육기관협의회 회장선임
2003년 3월 5일	경원대학교 경영대학원 뷰티석사과정 입학
2003년 11월 16일	K. B. E 컵 전국미용콘테스트 및 헤어쑈 주관개최(대회장)
2004년 5월 18일	훈련교사 전국 총동문회장 선임
2004년 9월 1일	경원대학원 경영학석사 원우회장 선임
2005년 7월	경원대학교 경원대학원 미용산업학부 석사학위 취득
2005년 – 현재	리스미용직업전문학교 운영중 전국 및 동남아 쎄미나 강사로 활동중

심사위원 및 활동상황

1982년 4월	WBC컵 미용선수권대회	심사위원
1986년 4월	CHA Champhion Ship 미용대회	심사위원
1987년 3월	IBM컵 Champhion Ship 미용대회	심사위원장
1987년 10월	아세아미용가협회 미용예술 경연대회	심사위원
1989년 9월	세계 미용이발대회	심사위원
1989년 12월	전국 미용예술경연대회	심사위원장
1990년 4월	프랑스 미용예술기술협회 미용대회	심사위원
1990년 10월	대한민국 미용종합예술제	심사위원장
1991년 4월	한국 헤어디자이너 선수권대회	심사위원장
1991년 9월	한국 미용헤어예술대전 미용대회	심사위원장
1992년 3월	1.B.A.C. 국제미장선수권대회	심사위원
1993년 4월	K.B.N.C. 국제미용대회	심사위원장
1993년 9월	Beautyopia 동경 국제미용대회	심사위원
1993년 6월	필리핀 대통령배 국제미용대회	심사위원
1994년 3월	1.B.A.C. 세계미용기술대회	심사위원
1999년 11월	전국 탑헤어아티스트컵 뷰티테크닉대회	심사위원장
1995년 4월	Asian 미용예술대제전 eoghl	심사위원장
1996년 3월	국재 Beauty Super Star 챔피온컵대회	심사위원장
1996년 9월	세계 미용문화예술인 미용대회	심사위원장
1997년 4월	대만 중화민국 국제미용대회	심사위원장
1998년 9월	헤어월드 98서울대회 작품발표 및	심사위원
1999년 2월	서울 국제미용문화예술 올림픽	심사위원장
1999년 2월	이화여자대학 99년헤어콜렉숀 작품발표 및 쎄미나	
2000년 4월	Vidal Sasoon 밀레니엄 빅쑈 개최	대회장
2000년 6월	장미축제 전국미용대회	심사위원장
2000년 7월	중국 심양 국제미용대회 한국대표	심사위원
2002년 10월	2002 Beauty Festivai	공동대화장
2004년 6월	한국교육기관협의회주최 미용대회	대회장
2004년 11월	경원대 대학원 일본국 연수교육	

사진 참조 싸이트

- http://www.atelier-bassi.ch/English/knowledge/Sjtes/knowledge-Main.htm
- http://www.su.edu/conservatory/opera/Performances/Shauspieldirektor/costume.htm
- http://my.net-link.net/~mwarer/private/index. htm
- http://library.thinkquest.org/26829/3-hairy_e.htm
- http://www.epeople.net/cosmeticmall/srcbrand/modelSelect.asp 화장하는 싸이트
- http://www.manican.com/stages/stage_referrer.asp?URL=http://www.behindthechair.com/content/26/milady/milady9/longrad/longgrad.asp
- 3D 에니메이션 http://www.greylight.com/poserhair.html
- Japan Sonoda professore
- France Ainesi professore

미용학개론 ①

업스타일

인 쇄 일 : 2008년 1월 5일 초판 인쇄

발 행 일 : 2008년 1월 10일 초판 발행

저 자 : 이군자 · 임경석 · 임경찬

발 행 인 : 주은희

발 행 처 : 도서출판 중원사

주 소 : (㊌ 150-822)서울시 영등포구 대림1동 986-1

전 화 : (02)845-6524

팩 스 : (02)845-6527

ISBN 978-89-7122-089-9

정가 35,000원